MIS CLASES CON WINNICOTT

MAURICIO SANTÍN IRIARTE

e-mail: mauriciosantiniriarte@gmail.com
Tel: +34 672 299 116

Diseño: Paola Santin Iriarte
e-mail: psistudio.design@gmail.com

Impresión y editorial: BoD – Books on Demand
info@bod.com.es - www.bod.com.es
Impreso en Alemania – Printed in Germany
ISBN: 9788411235570

MAURICIO SANTÍN IRIARTE

ESTE PEQUEÑO VOLUMEN PROCURA SUBRAYAR LA IMPORTANCIA DEL DESARROLLO INFANTIL. EL MISMO, COMPRENDE LAS PRIMERAS ETAPAS QUE VAN DE LOS 0 A LOS 6 AÑOS. PONE EL ACENTO EN LOS DIVERSOS Y MUY ESTIMULANTES ENTORNOS QUE VIVE Y PRESENCIA EL BEBÉ. INTENTA, CON LA DEBIDA HUMILDAD, MOSTRAR LA TRASCENDENCIA DE ESTE GRAN PERIODO.

CONTENIDO:

SMASH!
A-A-
A-A-A
BOOM!
ZWIFF!
HELLO!
BANG!

1
DONALD WOODS WINNICOTT

DONALD WOODS WINNICOTT

DONALD WOODS WINNICOTT

* Nació en Plymouth en el seno de una familia de clase media alta que profesaba la confesión metodista, siendo su padre Sir Frederick Winnicott (próspero comerciante y en varias ocasiones alcalde de Plymouth) y su madre Elizabeth Martha (Woods) Winnicott.

* Pudo graduarse con el título de doctor médico especializado en pediatría en 1920, comenzando a trabajar como pediatra en 1923 en el Paddington Green Children's Hospital de Londres.

* Se casa con Alice Taylor, de la cual se divorciaría en 1951 para casarse con Elsie Clare Nimmo Britton (una trabajadora social y psicoanalista).

* En 1923 comienza su análisis con James Strachey, siendo luego Joan Riviere su segunda analista.

* Durante más de cuarenta años se dedicó a la pediatría. Casi paralelamente a la pediatría, se desempeñó como psicoanalista haciendo una productiva síntesis de ambas profesiones.

* En 1927 ingresa a la Sociedad Psicoanalítica Británica. Supervisa con Melanie Klein y atiende a uno de sus hijos.

* En 1940, Winnicott fue uno de los pocos que se opuso (apoyándose en la ciencia) al uso del llamado electroshock.

* Fue presidente de la Sociedad Psicoanalítica Británica, entre 1956-1959 y nuevamente entre 1965 a 1968.

* Muere de un ataque cardíaco en 1971.

DONALD WOODS WINNICOTT, a través de la pediatría, y de sus vínculos con el psicoanálisis, hace hincapié en la influencia del medio sobre el desarrollo psíquico de todo ser humano. Es de esta relación, entre el medio y el infante, de la que se desprenderán todos los procesos madurativos, entre ellos la salud psíquica.

A lo largo de su obra, WINNICOTT pone el acento en el proceso de unificación; todos los procesos madurativos, es decir, la formación y evolución del Yo, del Ello y del Superyó verán en esta unificación un antecedente. La salud psíquica se fundará en un libre desenvolvimiento de los procesos madurativos, los cuales a su vez dependen de ese medio circundante.

Su obra se centró en la relación madre-lactante y la evolución posterior del sujeto a partir de tal relación. A partir del nacimiento no se puede decir, desde la teoría winnicottiana, que el bebé tenga una unidad psíquica, elementos o recursos para afrontar ese contexto. El bebé nace inmaduro y dependiente. Será, durante el primer año de vida, a partir de la díada madre-infante que se constituye dicha unidad. La madre es el primer entorno del infante.

Si todo recién nacido sano tiene una tendencia innata a desarrollarse como una persona total y creadora, ha de poseer sin embargo un entorno inicial como base para tal desarrollo. En los primeros meses de vida (especialmente durante el período de la lactancia), el entorno es casi sinónimo de la madre o de su sustituto. En ese momento, la intervención del padre está mediatizada por la madre y, en un primer momento, el padre cumple la función de favorecer al entorno. Es pues,

LA MADRE Y SU FUNCIÓN, LO QUE PERMITIRÁ O ENTORPECERÁ EL LIBRE DESPLIEGUE DE DOS PROCESOS FUNDAMENTALES.

¿Cuáles son estos dos procesos?

1.
Dependencia absoluta.
Período inicial
(del nacimiento a los 6 meses)
llamado

2.
Dependencia Relativa.
Segundo período
(de los 6 meses
a los 2 años)
llamado

2

LA DEPENDENCIA ABSOLUTA

¿Qué es la dependencia absoluta?

Dependencia Absoluta:
En esta etapa, del nacimiento a los 6 meses aproximadamente, es la madre (o su función) quien tiene que llevar y sostener, física y psicológicamente, a su bebé. La madre asegura así una cohesión a sus diferentes estadios sensoriomotores y una protección suficiente contra las angustias. Le procura un sentimiento de seguridad fundamental, base, para WINNICOTT, de la fuerza del Yo. El *Holding* de esta madre sostiene -y promueve- la integración, es decir, el establecimiento de un *Self* unitario que se vive a partir de una continuidad de existencia.

El apoyo y la adaptación del Yo de la madre, como un yo auxiliar, permite al bebé vivir y desarrollarse pese a que todavía no es capaz de controlar lo bueno y lo malo del medio ambiente. El niño pequeño y el cuidado materno forman conjuntamente una **unidad**. Es justamente a esta unidad a la que se refiere WINNICOTT cuando dice: "El bebé no existe". No existe sin los cuidados maternos, sin estos no habría bebé.

El resultado de un buen cuidado materno consiste en que el bebé lleva en sí **una continuidad existencial**. Es precisamente esta continuidad la que constituye la base de Yo, mientras que el fallo de dicho cuidado produce la irrupción de esa continuidad.

La dependencia absoluta o fase pre-verbal, se podría ubicar con un período dedicado al desarrollo del Yo.

¿Qué es el Yo?

Veamos...
Desde el punto de vista tópico, el Yo se encuentra en una relación de dependencia, tanto respecto a las reivindicaciones del ello como a los imperativos del Superyó y a las exigencias de la realidad. Aunque se presenta como mediador, encargado de los Intereses de la totalidad de la persona, su autonomía es puramente relativa.

Desde el punto de vista dinámico, el Yo representa eminentemente, en el conflicto neurótico, el polo defensivo de la personalidad; pone en marcha una serie de mecanismos de defensa, motivados por la percepción de un afecto displacentero (señal de angustia).

Desde el punto de vista económico, el Yo aparece como un factor de ligazón de los procesos psíquicos; pero, en las operaciones defensivas, las tentativas de ligar la energía pulsional se contaminan de los caracteres que definen el proceso primario: adquieren un matiz compulsivo, repetitivo.

El Yo puede ser considerado como un aparato adaptativo que se encuentra e interactúa con la realidad exterior, siendo además ésta su principal función. Éste es el resultado de identificaciones y aprendizajes del entorno más inmediato (exterior e interior). El Yo es también una instancia, una parte, dentro del aparato psíquico.

¿Hay un Yo desde el principio?

Podríamos decir que el principio está en el momento en que el Yo empieza.

¿Qué sucede antes?, ¿Qué hay o con qué se cuenta?

El Yo del bebé no existe, se forma a partir del Yo de la madre. Es decir, respecto de esa unidad. El Yo es posible en tanto que hay otro Yo (en este caso un Yo auxiliar de la madre). Decir Yo, implica relación (diferenciación, alteridad), es por ello por lo que decimos que es a partir de aquí que se comienza; antes no había tal posibilidad, se estaba en un espacio indiferenciado; o lo que es lo mismo, sin relación posible. Estamos aquí en el terreno del narcisismo primario.

¿De qué tipo es este Yo?

La respuesta aquí depende de la madre, de su capacidad para satisfacer la dependencia absoluta. Se trata, a grosso modo, de ser capaz de hacerle vivir al bebé una breve experiencia de omnipotencia. La madre (su función) versa en tener dicha capacidad por haberse entregado temporalmente a una tarea: cuidar de su pequeño. Debemos considerar que el bebé es un ser inmaduro, que en todo momento se halla al borde de una angustia inconcebible. Esta angustia inconcebible es mantenida a raya por la importantísima función que la madre desempeña en esta fase.

¿Cuál es?

Su capacidad para ponerse en el lugar del bebé y saber cuáles son sus necesidades.

El amor en esta fase solo puede demostrarse en términos de cuidados corporales. Los cuales no son sin el desarrollo paralelo de otras funciones. El Yo, como instancia, se basa en un Yo corporal, pero es sólo cuando todo va bien que el bebé empieza a poder hacer este vínculo, este enlace (ligar, representar) con su cuerpo. Con un cuerpo que le pertenece y con sus funciones, es decir, con la piel en tanto membrana restrictiva y continente. De ello se genera nada menos que el proceso Personalización y/o su equivalente en sentido negativo: La Despersonalización.

Como vemos, se trata menos de una cuestión de dar satisfacción al bebé que de permitirle encontrar y adaptarse por sí mismo al objeto (pecho, biberón, chupete, etc.) Esos ritmos inciden en lo que será el verdadero *Self* y lo que corresponde a un falso *Self*. El tema versa aquí en quién se adapta. Si la madre ante la inmadurez del bebé respetando y procurando sus ritmos o si, en cambio, es el bebé teniendo que anticiparse en sus ritmos ante presentaciones y "elaboraciones" de estímulos que no corresponden...

¿Con qué contamos para entender dicho proceso?

WINNICOTT habla de tres funciones básicas para este estadio, en el que obviamente se contemplan las necesidades más básicas y de orden corporal, pero que no se limitan a éstas. ¿Cuáles son?

1. La presentación del objeto.
2. El Holding (sostén o mantenimiento).
3. El Handling (manipulación).

Las tres funciones se ejercen simultáneamente y promueven una necesaria Integración (Integración-Asimilación).

La presentación del objeto comienza con la presentación del pecho o del biberón. Este es el primer ofrecimiento, y aunque éste no se experimenta así, por razones de madurez, será el principio de una red, o si se prefiere, de una serie que podrá representarse con el paso del tiempo (Après-coup; es decir de manera retroactiva y/o a posteriori)[1].

La madre presenta, el pecho o el biberón, y por consecuencia se produce una respuesta: el bebé lo imagina y lo encuentra. En esta acción fomentamos -desde el ofrecimiento- la ilusión de que él mismo ha creado ese objeto cuya necesidad siente de manera confusa. La madre posibilita al bebé una experiencia de omnipotencia (Ideal).

¿Cómo ocurre?

1. La madre ofrece el pecho o el biberón (en un momento oportuno[2]).
2. El bebé, desde su indiferenciación, imagina ese objeto: lo crea.
3. Luego de imaginarlo y crearlo, lo ve y lo siente: lo toca.
4. Lo encuentra. El objeto, luego de imaginarlo, adquiere una existencia real.
5. Es pues el bebé quien lo imagina, lo crea y lo usa. Se sirve de él, con lo cual se cumple así –en el ciclo- un momento mágico, ideal y de omnipotencia.

El Holding. En esta función la madre protege al bebé de los peligros físicos: frío, calor, luz, hambre, sueño. Es a través de los cuidados cotidianos que se instala una secuencia repetitiva, mantenida, de eventos que paulatinamente serán incorporados y que por ende posibilitan esa relación entre lo exterior y lo interior.

Winnicott enfatiza que es la presentación y la mediación del exterior, del afuera, del ambiente físico, lo que irá paulatinamente permitiendo una incorporación propia, interior. Es así como se cumple tanto la función física (en la presentación) como la psíquica (con la mediación) en un mismo tiempo, ambas se complementan y retroalimentan.

El mantenimiento, el *Holding*, consiste en sostener el Yo del bebé en su propio desarrollo; es decir, ponerlo en contacto con una realidad exterior simplificada, que una vez mantenida y repetida, el infante pueda –con sus propios medios- ir hallando los puntos de referencia que le sean susceptibles de contacto, de encuentro. En síntesis, se trata de establecer referencias simples y estables; las cuales serán indispensables para llevar a buen término el trabajo de integración en el espacio y en el tiempo.

El Handling. Éste se refiere a la manipulación, es decir, al modo de operar y/o de intervenir de la madre en cuanto a la preservación y los cuidados de ésta hacia el pequeño. Por ejemplo: Cambiarle el pañal, darle de comer, bañarlo, vestirlo, acunarlo, etc.

---

1 Si interesa véase: El après-coup como modelo técnico (Santín 2014). Artículo publicado en la revista Intercanvis – Intercambios. El après-coup como modelo técnico. Mauricio Santín – Intercanvis – Intercambios
2 La madre se las arregla para estar disponible ante una excitación potencial del pequeño.

Se trata aquí de dar cuenta de cómo el cuidado físico va cobrando un bienestar más que físico. Sentirse seguro, confiado, protegido: Un bienestar psíquico. Se aborda el comienzo de la significación; la cual proveerá, poco a poco y a través de la vivencia de un cuerpo y sus cuidados, la relación y unificación entre éste y la psique, constituyéndose así una **unidad psico-somática.** Unión que el mismo WINNICOTT llama personalización.

WINNICOTT afirma que el bebé nace en un estado de No integración. Esto quiere decir que las bases del Yo se encuentran dispersas y que sólo podrán unificarse a partir de la relación de éste, el bebé, con el medio ambiente (medio-madre); lo cual genera una dependencia absoluta.

La integración se refiere, en términos muy concretos, a la posibilidad de asimilar, de tramitar eso que acontece y que es nuevo. Se trata aquí de ir ligando, es decir, de crear puentes y lazos que dan y originan significado, referencias.

¿Y de qué depende esta integración?

La integración depende de dos experiencias:

1. Por un lado, los cuidados de la madre, es decir, su función auxiliar ante esa dispersión yoica. La madre debe recoger, agrupar y tramitar por el bebé; lo cual le permite, al infante, sentirse entendido: integrado. Este tipo de experiencias podrían entenderse a partir de algo externo que tiene cabida en lo interno. El Yo lo asimila, lo tramita, puede hacerlo.
2. Por otro lado, tenemos a las experiencias instintivas, es decir, las internas del bebé. Aquí ocurre al revés. Se trata de algo interno que deberá tener cabida en lo externo. El medio lo acepta, lo recibe y considera.

El opuesto aquí –y con fines didácticos- sería la desintegración y/o la fragmentación, es decir, eso que queda disperso y/o falto de cohesión. Algunos ejemplos de los diferentes Yo´s pueden ser: integrado, dividido y fragmentado. Y los resultados pueden ir desde una simple falta de organización, atención u olvidos hasta una psicosis.

Una frase de MICHAEL BALINT sintetiza lo dicho antes: "Nadie es capaz de sostener un bebé en brazos a menos que sepa identificarse con él" (1965). Es pues, a esa identificación -la propuesta por Balint- a la que nos referimos cuando hablamos de una continuidad que promueve la integración.

Todas las amenazas, conflictos y/o fallos de adaptación, suscitan en el bebé una reacción que trunca la ya comentada continuidad. Éstas producen interferencias en la tendencia "natural" a convertirse en una unidad integrada.

Aquí algunos ejemplos:

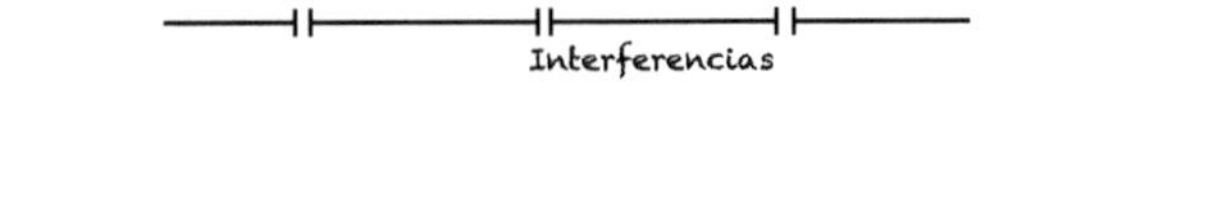

Origen ———————————— Finalidad

Continuidad

——————||——————

Interferencia

———||———||———||———

Interferencias

¿Cómo veríamos sus consecuencias para el Yo?

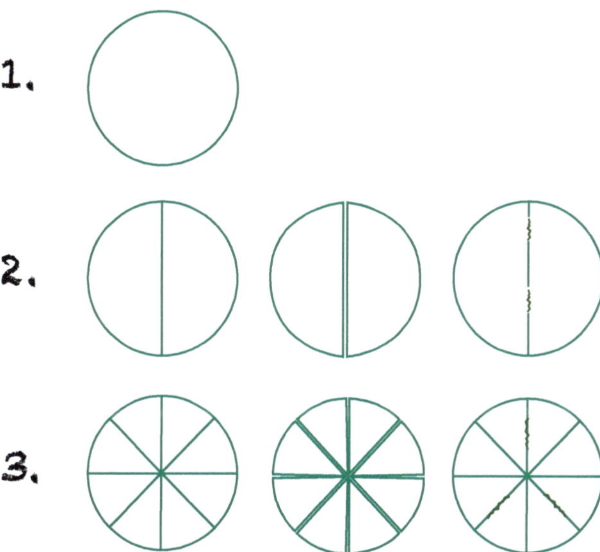

¿Hasta cuándo se alarga la Llamada Dependencia Absoluta?

A menudo, el crecimiento del niño coincide con bastante exactitud con la reanudación de la independencia propia por parte de la madre.

¿Habría ciertas referencias?

Algunos indicios son:

1. Que el bebé empieza a jugar.
2. Primeros balbuceos o primeros dichos.
3. Empieza a descubrir, es decir, a generar esa habilidad: se muestra curioso, activo. Descubre su posibilidad de descubrir. Se descubre como descubridor.

Estas referencias señalan la evolución y la función del Yo (interior) y del comienzo del No Yo (exterior). El mayor logro se ubica en el paso del Narcicismo Primario al Narcisismo Secundario.

El premio que se recibe en la primera fase (Dependencia Absoluta) reside en que el proceso del desarrollo del bebé no sufre ninguna deformación, es decir, que haya continuidad y posibilidad de integración. En esta segunda etapa, llamada dependencia relativa, la recompensa consiste en que el bebé comienza a ser consciente de su dependencia.

El bebé pasa de no ser consciente de su dependencia (etapa de indiferenciación, narcisismo primario) a ubicar un objeto externo del cual depende (inicio de la dependencia relativa y origen del narcisismo secundario).

¿Y qué ocurre si no se da bien, si hay fallas en la mencionada Integración?

Ocurre que el Yo se distorsiona, se deforma, se desequilibra. Winnicott afirma que el Yo (el ego) puede utilizarse para describir la parte de la personalidad humana en crecimiento que, dadas unas condiciones favorables, queda integrada en una unidad.[3] Como decíamos antes: "el principio está en el momento en que el Yo empieza".

¿De qué depende que empiece?

Del proceso y la experiencia de la Dependencia Absoluta a la Dependencia Relativa.

¿Qué influencia tienen estas fases en el Yo?

Toda, el Yo depende, como hemos visto, de la adaptación de la madre (del medio). La madre, dice WINNICOTT, es capaz de hacer esto por haberse entregado temporalmente a una tarea: cuidar de su pequeño. Su tarea es posible gracias a que el niño está dotado de una capacidad para relacionarse con objetos subjetivos cuando la función de apoyo (de auxilio) del Yo de la madre es operativa.

3 Inicio de su artículo "La integración del ego en el desarrollo del niño (1962).

Tiempo que coincide con el de la Omnipotencia infantil. El bebé se va encontrando con el principio de realidad "aquí y allí, a cada dos por tres, pero no en todas partes y de súbito". ¿Qué quiero decir? Pues que el bebé puede ir reteniendo áreas de los objetos subjetivos (omnipotencia y principio del placer) junto con otras áreas en las que existe cierta relación con los objetos percibidos objetivamente (No-yo y principio de realidad).

¿Cómo se evidencian esas deformaciones, esos desequilibrios?

WINNICOTT establece fundamentalmente dos:

1. Las deformaciones de las organizaciones del Yo que constituyen la base de características esquizoides[4]. Y
2. Las defensas específicas del auto sostenimiento. La cual se basa en el desarrollo de una personalidad vigilante y la organización de un aspecto falso de la personalidad. Falso por cuanto el individuo se adapta, es decir, como un derivado del fallo del medio. Falso no como origen sino como consecuencia.

Enfoquémonos en eso "Falso". Precisamente en su texto de 1960: "Deformación del ego en términos de un ser verdadero y falso".

El concepto de ser falso no es nuevo. Se encuentra presente en la psiquiatría descriptiva, en ciertas religiones y sistemas filosóficos. Existe un estado clínico real bajo ese concepto y Winnicott se plantea las siguientes preguntas para su estudio:

1. ¿Cómo surge el Self falso?
2. ¿Cuál es su función?
3. ¿Por qué en algunos casos el Self falso es exagerado o enfatizado?
4. ¿Por qué algunas personas no desarrollan un sistema de Self falso?
5. ¿Cuáles son los equivalentes del Self falso en las personas normales?
6. ¿Qué podría llamarse "Self verdadero"?

WINNICOTT se basa, para argumentar su propuesta del Falso y del Verdadero Self, en FREUD. Puntualmente en lo que FREUD distingue como una energía instintiva y pulsional (la denominada sexualidad pregenital y genital), y una parte vuelta hacia afuera y relacionada con el mundo (lo externo). La primera vinculada con el Verdadero Self y la segunda con el Falso.

4 Lo cual se relaciona con la esquizofrenia infantil o con el autismo.

BOOM!
LIKE!!!
HELLO!
HI!
RING!
BOOM!
RI-I-ING!
Z-ZUM!

3
EL SELF

¿Qué es el Verdadero Self?

WINNICOTT llama núcleo del verdadero *Self* a lo que emana de la vida de que están dotados los tejidos del cuerpo, es decir, a la acción de las funciones corporales, incluyendo la del corazón y la respiración. Este concepto se halla estrechamente ligado a la idea del proceso primario y al principio, en esencia, no es reactivo a los estímulos externos. Se trata, justamente, de lo interno.

El núcleo sobre el que se construye el *Self* no es, al comienzo de la vida, reactivo a estímulos externos. Para ello, para explicarlo y describirlo, WINNICOTT se basa en los postulados freudianos del narcisismo primario.

¿Qué sucede si la madre no está en condiciones de proveer la protección necesaria para este bebé?

Pues que el niño percibirá esta falla ambiental (medio-madre) como una amenaza a su continuidad existencial, es decir, una madre NO suficientemente buena. Lo que a su vez provocará en el infante la vivencia subjetiva de que todas sus percepciones y actividades motrices son sólo una respuesta ante el peligro al que se ve expuesto. Con lo cual podría sentir que sus movimientos, o los estímulos externos, dejan de ser autónomos y los relaciona con una provocación de parte del medio externo amenazante. Puede, por consecuencia, reemplazar la protección que le falta por una fabricada por él.

¿Y cuál sería esa fabricación?

Un Falso Self

Por el contrario, cuando el medio ambiente brinda al pequeño la protección y sostén necesarios, la fabricación, la coraza, o la defensa (vinculada al narcisismo primario), no será necesaria, puede, entonces, disminuirla, diluirla y dar cabida a la experiencia de la vida interna y externa.

WINNICOTT, en su artículo "deformación del ego en términos de un ser verdadero y falso" (1960) dice que la madre buena es la que responde a la omnipotencia del pequeño y en cierto modo le da sentido. Si esto lo hace repetidamente, el verdadero *Self* va cobrando vida, fuerza, a partir del reforzamiento de la madre (medio). La madre que no es "suficientemente buena" es incapaz de cumplir o satisfacer esa omnipotencia del pequeño, por lo que repetidamente deja de responder al gesto del niño. Coloca, imponiéndose, ya sea por defecto, por carencia o por anticipación, el suyo, en lugar de responder a la necesidad del primero, es decir, del bebé desde su omnipotencia o indiferenciación. Es pues esta adaptación (reacción) del bebé la que constituye la primera fase del desarrollo de un falso *Self*.

WINNICOTT, al principio de sus postulados, consideró al falso *Self* como una formación presente sólo en los pacientes graves, provocado por una falla en los cuidados maternos, empero luego, lo matizó y consideró una graduación en la que el falso *Self* estaría siempre presente -y con una función- en todos los individuos.

¿Cuál es esa función?

La Defensa

La función defensiva del falso *Self* consiste en ocultar y proteger al *Self* verdadero.

¿Y cómo afecta dicha defensa?

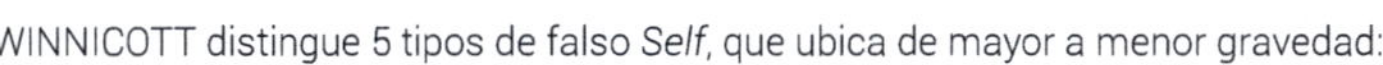

WINNICOTT distingue 5 tipos de falso *Self*, que ubica de mayor a menor gravedad:

1. El *Self* falso se establece como real. ¿Cuál es el resultado? El Fracaso, al no poder responder como persona completa ante la realidad interna-externa.
2. Un *Self* falso que oculta al verdadero, que lo protege de las adversidades de un ambiente enfermo, pero que le permite una suerte de vida secreta.
3. Un *Self* falso que va en la búsqueda de encontrar y brindar las condiciones para que el verdadero *Self* pueda existir. En caso de no encontrar esas condiciones, puede aparecer el suicidio como la única alternativa. El suicidio lo organiza el falso *Self* para salvar al verdadero de su aniquilamiento.
4. Un *Self* falso construido sobre identificaciones (lo que uno debe hacer: a-ser).
5. El falso *Self* de la salud, representado por la actitud cordial y cortés. Tiene que ver con la capacidad el individuo de renunciar a la omnipotencia y al funcionamiento del proceso primario. Le permite a la persona obtener un lugar en la sociedad que no habría podido alcanzar solamente a costas del verdadero *Self*.

¿Cómo podemos identificar estos grados en las diferentes patologías?

1. Psicosis esquizofrénica.
2. Paranoia.
3. Border Line o paciente fronterizo, o tal vez algunas fobias.
4. Neurosis (obsesiva o histérica).
5. Salud.

La mente, en el caso de pacientes con elevado potencial intelectual, se ubica como el lugar de funcionamiento del falso *Self*, lo cual genera una disociación entre la actividad intelectual y el funcionamiento psicosomático. ¿Qué quiere decir esto? Que existe, y puede promoverse, de no darse cuenta, una defensa. Es decir, que una persona sea vista como exitosa no necesariamente es bueno, cuando precisamente el crecimiento de su éxito conlleva el crecimiento de su angustia y de la falsedad de su existencia. WINNICOTT diferencia la mente de la psique. La mente tiene que ver con lo racional, con lo cognitivo; la psique, como la elaboración de eso mental y finalmente el soma con el cuerpo[5]. Uno puede -dentro del análisis- alentar el crecimiento o manutención de un falso *Self* de no considerar estas diferencias.

WINNICOTT aclara que no corresponde a estudiantes de psicoanálisis el análisis de pacientes con patologías de falso *Self*.

Lo positivo, hasta aquí, es la tendencia heredada de cada individuo para alcanzar la unidad psique-soma. ¿A qué se refiere WINNICOTT? A la experiencia y relación entre esto dos, a su reciprocidad y correspondencia en tiempo y espacio. En otras palabras, tal como lo dijera FREUD y como hemos visto ya, el Yo se basa sobre un Yo corporal. Así la disociación psicosomática altera precisamente el significado de "Yo" y de "Yo soy"; la escisión entre psique y soma es un fenómeno retrogresivo que recurre a residuos arcaicos para establecer una organización defensiva. En contraste con ello, la tendencia a la integración psicosomática forma parte de un movimiento progresivo en el proceso del desarrollo. Escisión es aquí el sustituto de represión, que es el término apropiado para una organización más compleja.

Ahora bien, habiendo identificado los antecedentes del falso *Self* intentemos, ahora, su descripción.

¿Cómo surge? ¿Cuándo?

Etiología del falso *Self:*

* Se da en la relación temprana madre-bebé.
* No corresponde a las defensas yoicas frente a los impulsos del ello.
* Se da en momentos de dependencia absoluta con la madre.
* Se da al inicio de las primeras relaciones objetales.

5 Por ejemplo: El objetivo de la enfermedad psicosomática es apartar a la psique de la mente y devolverla a su originaria e íntima asociación con el soma.

En síntesis, la aparición y desarrollo de un Falso Self, ocurre en una etapa en donde el niño **no está integrado**; por lo tanto, requiere del sostén de la madre. Lo que sería el opuesto, lo esperable desde la propuesta winnicottiana, es el *Self* verdadero.

¿Y qué es? ¿Cómo se manifiesta este Verdadero Self?

El gesto espontáneo es la puesta en acto del verdadero *Self*. Este gesto habla de la existencia en potencia de un verdadero *Self*. El mismo, tiene que ver con un cierto agrupamiento sensorio-motor. El gesto espontáneo revela la dependencia absoluta del niño, y para que éste ocurra y se promueva, es fundamental la respuesta de la madre a dicho gesto espontáneo. ¿Qué quiere decir aquí espontaneo? Quiere decir a tiempo, en sintonía, de manera recíproca, dispuesta, coordinada; en dos palabras: en unidad. Es decir, con el mismo objetivo.

Del desarrollo y desenlace del verdadero *Self* se podrá colegir si una madre es suficientemente buena o no lo es.

¿Qué quiere decir "Suficientemente Buena"? ¿Cuáles son las características de una madre así?

Madre suficientemente buena

* Da satisfacción a la omnipotencia del infante y le da sentido (media e integra).
* Lo hace repetidamente.
* Promueve que el *Self* verdadero cobre vida y relevancia.
* Genera que el infante pueda y empiece a creer en la realidad externa, una que aparece y se comporta como por arte de magia y que actúa de un modo que no choca con la omnipotencia del bebé.
* Promueve que el infante pueda ir abandonando gradualmente la omnipotencia.
* Desde el *Self* verdadero de la madre se tiene espontaneidad o sintonía con el bebé.
* Lleva a que en infante goce de la ilusión de la creación y el control omnipotente. Da lugar al juego y a la imaginación; la promueve o fomenta.
* Puede ayudar a la formación de símbolos.

Madre NO suficientemente buena

* No puede cumplir la omnipotencia del niño, no respondiendo a su gesto.
* Coloca su propio gesto en vez de responder al del niño.
* Lleva al niño a la sumisión: primera fase del falso *Self*.
* La madre tiene una deficiente adaptación a las alucinaciones e impulsos espontáneos del niño.
* El niño se entrega a la sumisión, **reacciona** ante las exigencias del medio y hace uso de la imitación.
* En contra de la disponibilidad, el niño vive, pero lo hace falsamente, muestra irritabilidad, trastornos de la nutrición, etc.
* Lleva al replegamiento (*withdrawal*).
* Falla en el proceso de formación de símbolos.

¿Cómo identificamos el predominio de una u otra?

Por el predominio de uno u otro *Self*: el verdadero o falso

¿Cuáles serían las características del falso *Self*?

Algunas características del falso *Self* son:

* Sumisión.
* Reacciona ante las exigencias del ambiente.
* Construcción de falsas relaciones.
* Por medio de introyecciones, crea una ficción de la realidad.
* El niño como copia de otros (madre, niñera, hermano, colega, etc.).
* El falso *Self* tiene una función positiva y muy importante que es la de ocultar al *Self* verdadero, sometiéndose a las exigencias del ambiente.
* En casos extremos, el ser verdadero está tan escondido que la espontaneidad no constituye uno de los rasgos de las experiencias vitales del niño.
* La imitación.
* Es una defensa contra lo inconcebible: contra la explotación del *Self* verdadero, que daría por resultado su aniquilación.

La aniquilación, dice WINNICOTT, no se produce sólo por una madre que no es suficientemente buena, sino por una que es buena y mala de una forma absolutamente **irregular**. La confusión de los otros es una expresión de la enfermedad de la madre y puede borrar las últimas manifestaciones del verdadero *Self*.

En cambio, en la salud, la madre se identifica con su hijo desde el embarazo hasta el parto y luego, paulatinamente, va relegando esa identificación, es decir, esa unidad que da pie a la sintonía y reciprocidad. Estamos, aquí, en una etapa distinta, entorno al narcisismo secundario, aquí hay ya los elementos, los recursos, que lo posibilitan. Se trata, pues, de un momento saludable. El padre en esta etapa se encarga de lidiar con la realidad externa para permitir que esta relación se mantenga. Esta identificación de las madres (los medios) permite reconocer las esperanzas y necesidades de sus hijos y sentirse satisfechas con el bienestar de ellos. Permite a una madre saber cómo sostener a su hijo para que este pueda empezar a existir y no sólo a reaccionar. Esta labor de la madre, WINNICOTT, la define con una palabra: **devoción.**

Volvamos al Verdadero Self...

¿Cuáles son sus características?

Habiendo ya revisado las del falso *Self*.

Algunas características del verdadero *Self* son:

* El gesto espontáneo es el verdadero *Self* en acción.
* Solo el verdadero *Self* puede crear y ser sentido como real.
* Emana de los tejidos del cuerpo y funciones corporales, incluyendo el corazón y la respiración.
* Está ligado al funcionamiento del proceso primario[6].
* En esencia, y al comienzo, no es reactivo a los estímulos externos.
* A medida que el niño avanza en su desarrollo, el falso *Self*, más que ocultar al verdadero, lo que hace es ocultar la realidad interna del niño, contando ahora el niño con un interior y un exterior; librándose así en gran medida del cuidado materno.
* La realidad individual interna de los objetos es posterior al verdadero *Self*.
* El verdadero *Self* aparece tan pronto hay cierta organización mental en el individuo y no es mucho más que la suma de su vida sensorio-motora. El verdadero *Self* es previo al Yo.
* A medida que el niño crece, se va complejizando el falso *Self* y sus relaciones con el mundo externo. El niño empieza a poder reaccionar frente a estímulos sin sufrir ningún trauma, pues tiene el complemento de esos estímulos en su realidad interna (objetos subjetivos). Así, conserva su omnipotencia por más que reaccione ante el medio.
* La no interrupción de la continuidad existencial del verdadero *Self* lleva a que este fortalezca el sentido de su propia realidad y crece la capacidad del niño para tolerar tanto las interrupciones de su continuidad existencial y las experiencias reactivas o del falso *Self*.
* De esta manera, y en la salud, el Yo del niño puede y se adapta a las necesidades del ambiente gracias a la buena, y previa, adaptación de la madre a sus propias necesidades.
* En la vida normal, existe un cierto grado de sumisión del verdadero *Self* que le permite obedecer sin exponerse. En la salud, el falso *Self* se convierte en una suerte de actitud social sobre la cual podrá pasar por encima el *Self* verdadero cuando la situación es crucial.

6 Como lo aclara Laplanche y Pontalis. Este tipo de funcionamiento puede ser claramente diferenciado del proceso secundario. Por ejemplo. Desde el punto de vista tópico; el proceso primario caracteriza el sistema **inconsciente**, mientras el proceso secundario caracteriza el sistema preconsciente-consciente. También desde el punto de vista económico y dinámico hay diferencias sustanciales. En el caso del proceso primario estaríamos hablando de **energía libre**, es decir, de energía que **pasa sin trabas de una representación a otra** según los mecanismos del desplazamiento y de la condensación; tiende, además, a recatectizar plenamente las representaciones ligadas a las experiencias de satisfacción constitutivas del deseo (alucinación primitiva). En el caso del proceso secundario, la energía es primeramente ligada antes de fluir de forma controlada; las representaciones son catectizadas de forma más estable, la satisfacción es aplazada, permitiendo así experiencias mentales que ponen a prueba las distintas vías de satisfacción posibles. En síntesis. La oposición entre proceso primario y proceso secundario es correlativa de la existente entre **principio del placer** y principio de realidad.

RESUMIENDO:

Resumiendo, podemos considerar que el falso *Self* se mueve en un rango salud-enfermedad que va desde la actitud cortés hasta la sumisión. Tal estado, dice WINNICOTT, lo podemos encontrar en la labor del actor relacionándola con un proceso sublimatorio[7].

¿Cuáles serían las evidencias clínicas para el psicoanalista?

En el individuo sano, existe la capacidad para el uso de símbolos que tiene que ver con el disfrute de la vida cultural y la capacidad de vivir una zona intermedia entre el sueño y la realidad. Cuando el falso *Self* oculta al verdadero, hay una pobreza en el empleo de símbolos y en la experiencia cultural; se da un aplanamiento del preconsciente (lugar de las representaciones). Tales personas necesitan ser atacadas por la realidad externa, pues su modo de funcionamiento no es la creación sino la reacción.

Al comienzo, el analista se limita a hablar del *Self* verdadero con el *Self* falso. El análisis no comienza hasta que el *Self* falso no deje al ser verdadero a solas con el analista y que empiece a jugar.

Antes de ese contacto con el verdadero *Self*, se pasa por un estado de absoluta dependencia. El analista tiene que poder percibir esta condición y dejarse usar.

Si el analista no está dispuesto a satisfacer las necesidades del paciente en tales estados, debe ser lo suficientemente prudente de no escoger casos de falso *Self*.

Muchas veces, el análisis no termina porque se está trabajando con el falso *Self* como si este fuese el verdadero (relación con la futilidad en el análisis – relación con "Miedo al derrumbe"[8]).

Se avanza más en el análisis reconociendo la inexistencia del paciente que con el análisis de sus defensas yoicas.

El *Self* falso puede confundir al analista y llevar a que éste lo confunda con la persona total. El analista debe poder colegir que el falso *Self* carece de algo fundamental: la originalidad creadora; ésta que se evidencia en la capacidad de juego y/o en la asociación de ideas y sentidos.

---

7 Relación con el escrito de Winnicott "Nada en el centro", de 1959. En Exploraciones psicoanalíticas I.

8 El miedo al derrumbe (*Breakdown:* desquebrajamiento, quiebra, colapso, desperfecto, avería, fracaso...) se vincula con la experiencia previa (fáctica) del individuo y con los factores ambientales aleatorios (los cambios y la discontinuidad del ambiente) cuya forma más habitual de sustituir es a través del control (manía, obsesión, racionalidad).

Nota: WINNICOTT no descarta que el concepto de falso *Self* pueda ser modificado a partir de investigaciones posteriores. Considera que puede tener un efecto importante sobre la labor del psicoanalista, sin producir cambios importantes sobre la teoría básica.

¿Cómo averiguar el predominio de uno u otro Self?

A partir de la capacidad para estar a solas y del paso hacia la Dependencia Relativa

La adaptación a la realidad dependerá de la medida en que se dé por sentada la integración. Es así como damos inicio al contacto con la realidad externa.[9]

¿Cómo se acepta, o tolera, esta realidad?

Del soporte (la base)
Del lazo (el vínculo)
De la fantasía (la posibilidad)

La madre soporte. El niño acude al pecho cuando está hambriento, es decir, cuando se encuentra en un momento displacentero. Así el objeto (el pecho y su representante: la madre) se convierten en el objetivo del ataque (por el displacer sentido). Si la madre se defiende o se asusta ante este supuesto ataque, y reacciona, cambia una vivencia que pudo ser pacificadora (omnipotente,

9 La dependencia es un factor indiscutible, ésta surgirá pronto (ya sea encubierta o descubierta) a nivel transferencial. La dependencia pasará a ser la protagonista principal. Como antes lo pudo haber sido la actividad en demasía (manía), la obsesión, el control, etc. Empero se debe considerar siempre que el "miedo al derrumbe" surge como una falla en la organización de las defensas. Defensas que se armaron para subsistir en ese medio ambiente. Se trata, pues, de una defensa que rige a las defensas (manía, obsesión, compulsión, racionalización, intelectualización.) son estas, las segundas las que le dan cohesión al Self; la primera –el miedo al derrumbe- tiende a la escisión, a la fragmentación, a la parcialización del objeto. Solo así, bajo estas condiciones, el objeto puede ser incorporado. De hacerse en su totalidad el miedo se reviviría, el derrumbe cobraría sentido pleno.

Las defensas, aquí, mantienen (sostienen) al Yo precario. Son éstas las que le permiten –desde un falso Self- actuar y avanzar en la medida que el medio se los demanda. El yo –dice Winnicott- organiza defensas contra el derrumbe de la organización yoica, que es la amenazada, pero nada puede organizar contra la falla ambiental, en tanto y en cuanto la dependencia es un hecho viviente.

Se trata pues de una inversión del proceso de maduración, en donde el niño controla, lo que debiera ser controlado por el adulto: Yo te doy para que tú me des. Se invierten los roles. El niño se sobre adapta, dejando incluso sus necesidades de lado, para así tener un lugar.

En estos momentos y con este tipo de pacientes se habla más de "Agonías" en lugar de angustias. La agonía primitiva coincide con la des-alucinación, es decir, aquel momento en que no se puede alucinar con el objeto deseado pues la realidad exterior se impone, es, entonces, que el infans se sobre adapta. La agonía primitiva coincide con el tiempo en donde la alucinación es el modo de elaboración (período de ilusión, narcisismo primario). El niño es sacado abruptamente de este período, no habiendo un Yo suficiente para poder tramitar los hechos y excitaciones exteriores.

"Sostengo –dice Winnicott- que el miedo clínico al derrumbe es un miedo a un derrumbe ya experimentado. Es el miedo a la agonía original que dio lugar a la organización defensiva desplegada por el paciente como síndrome mórbido." Este miedo está alojado en el Inconsciente, uno que cuando se dio dicha agonía no tenía los medios para hacerle frente. Un momento, en donde la integración yoica no está dada. El Yo, aquí, es demasiado inmaduro como para recoger todos los fenómenos dentro del ámbito de la omnipotencia personal. En síntesis, no se trata de algo reprimido en el inconsciente, se trata de algo escindido de la historia. Sin cualificación, para que esto se asimile debe haber un Yo en condiciones, no como el que hubo (o hay) antes del análisis y/o cuando se dio dicha agonía. El trauma no ha sido experimentado, sólo forma parte de la vivencia (sin ligadura), una además aislada (negada).

La solución no es posible a menos que se toque fondo, a menos que lo temido sea experimentado. La única manera de recordar es que el paciente experimente, por primera vez y con todas sus condiciones (ligadura, representaciones y un Yo en condiciones) esta situación del pasado en el presente, vale decir, en la transferencia. Está situación, pasada y futura, pasa a ser entonces un asunto del aquí y ahora, y es experimentada por el paciente por primera vez. Es, así, que puede relacionarse con el vacío, con el desamparo. Ver artículo "Miedo al Derrumbe" (1963).

dentro del periodo de ilusión) por una traumática, añadiendo displacer (cantidad en tanto estimulo no asimilado vs calidad como vinculo a partir de la cualificación que el medio tramita para él). La madre debe de ser capaz de soportar ese supuesto ataque y devolverlo de manera pacificadora, tranquilizante; es decir, proveyéndolo de sentido, ese nada menos que genera el lazo, el referente. Será a través del sentido que uno logra la constancia necesaria para desprenderse del objeto y depender de éste cada vez menos.[10]

La madre y el lazo. Es la función materna, como consecuencia de la unidad madre-bebé, quien produce un lazo, un vínculo y un referente que sujetan al bebé. Si esto no se da, "suficientemente bien", el pequeño volverá al aislamiento, a su propia realidad, abstrayéndose del exterior. Se repliega ante la agresión vivida.

Un ejemplo del lazo creado ocurre cuando el bebé o infante demuestra cierta autonomía (busca, se siente curioso, activo, investiga). Lo podemos verificar cuando algunos bebés empiezan a gatear o a caminar y la madre los sostiene con la mirada, ella los sigue, se adapta, los cuida. En cambio, podemos ver a los bebés que son ellos quienes deben mirar -buscar- al medio, a la madre. La orientación se mantiene dado que la referencia existe, generando confianza, seguridad y sostén. No se trata de una madre angustiada, pegada al bebé, ni de una madre distante o ausente. Se trata de una madre que mira y deja mirar. Ni lo usa, como un proyecto suyo (narcisismo de la madre), ni lo aparta de sus propias experiencias; le ayuda y auxilia en encontrar sentido.

Fantasía Vs Realidad Exterior. Una de las cosas que suceden en la aceptación de la realidad externa es la ventaja que de ella puede obtenerse. ¿A qué me refiero? A menudo oímos hablar de las frustraciones reales impuestas por el exterior, pero no tan frecuentemente se escuchan referencias al alivio y a la satisfacción que proporciona dicha realidad.

Ejemplo: La leche verdadera resulta mucho más satisfactoria que la leche imaginada (alucinada). La fantasía bien puede no tener freno, así el amor y el odio producen efectos alarmantes. La realidad externa sí tiene freno, puede ser estudiada y conocida; de hecho, la fantasía es solamente tolerable en plena operación cuando le realidad objetiva es bien conocida, de no ser así genera angustia. Lo subjetivo posee un tremendo valor, pero resulta tal alarmante y mágico que no puede ser disfrutado salvo paralelamente a lo objetivo. Lo objetivo así –en tanto alteridad- se convierte en el referente. Ejemplo: La desinserción en la locura y la inclusión en el acto creativo. Cuando se crea, sea lo que sea, se dirige a otro. He aquí un vínculo, por endeble que éste sea.

La fantasía no es algo que el individuo crea para hacerle frente a las frustraciones, a la realidad externa. La fantasía es más primaria que la realidad y el enriquecimiento de la fantasía con las riquezas del mundo exterior depende de la experiencia de la ilusión. Existe una gran variedad de grados de desarrollo y sofisticación en este mundo auto creado, según la cantidad de ilusión que se haya experimentado y, por ende, según la medida en que este mundo auto creado haya o no podido utilizar los objetos del mundo externo percibidos como material de uso, es decir, como recursos y herramientas.

10 Todo fallo de la objetividad (realidad exterior y contacto con ésta), sea cual fuere la fecha en que se produzca, está relacionado con algún fallo en esta fase del desarrollo.

La estrategia –para, y dentro de la salud– parece consistir en crear ilusiones desde el mundo creado (objetivo y material. Podríamos decir Registro Simbólico); a diferencia del subjetivo e interno (Registro Imaginario), el cual a su vez se constituye en función del primero.

Ambos Registros: Registro Simbólico y Registro Imaginario parten de una constante relación, en donde uno no es sin el otro y viceversa. Empero hay diferencias significativas; mientras que Registro Simbólico tiene que ver con lo simbólico, es decir, con el símbolo y su representación, lo cual atañe a lo social (lo exterior). El Registro Imaginario surge de la imagen especular, del yo en tanto identificaciones, del estadio del espejo. Lo simbólico, a partir de la cadena significante, implica un sistema de representación basado en el lenguaje, es decir, en los signos y las significaciones que determinan al sujeto sin que él lo sepa; el sujeto puede referirse a ese sistema, consciente e inconscientemente, cuando ejerce su facultad de simbolización.

¿Y qué es la facultad de simbolizar?

Dar sentido, es decir, poder representar dicha realidad; explicarla por alguna relación o semejanza que hay –o habría– entre ellas.

De hecho, en la prolongación del análisis freudiano de lo imaginario fantasmático, la elaboración lacaniana de la categoría de lo imaginario alude a un desarrollo que progresa en tres fases: inaugurado por la definición del estadio del espejo, continuado con la interpretación del fantasma en su dependencia con la acción de corte de la cadena significante; lo cual finalmente se inscribe en la concepción de una tópica «borromea» que sitúa lo real en el estatuto de lo imposible. Este desarrollo sostiene el reconocimiento de la primacía de la categoría de vacío en cada uno de estos dominios: imaginario, simbólico y real.
Aquí un ejemplo:
Yo creo que... (RI). Soy psicólogo; soy ingeniero; soy francés; soy catalán... (RS).[11]

¿Y para qué sirven ese soporte, ese lazo y esa fantasía?

Para desarrollar y disfrutar de la capacidad de estar a solas.

La capacidad para estar solo constituye un fenómeno sumamente complejo en el que contribuyen numerosos factores y que está estrechamente relacionado con la madurez emocional. La base de la capacidad para estar solo reside en la experiencia de haberlo estado en presencia de otra persona. Un ejemplo memorable nos lo da el propio FREUD aludiendo a su nieto de dieciocho meses que juega al "Fort-Da". Los sonidos OOooo (fort que significa lejos en alemán) y Aaaa!! (Da!: acá, en alemán) lo representan. Se trata, pues, de una pareja simbólica de exclamaciones elementales a partir de un juego con un carretel. Lanzándolo: "Se ha ido, se va" y recuperándolo: "vuelve". FREUD, a partir de la observación de su nieto, apunta ya, a ese control omnipotente producto de la ilusión, una que se ha visto nutrida por la presencia real de otro (su madre). Así, con este soporte, con este

11 La función asignada al nudo borromeo, es la de ocupar un lugar central en la formalización de la estructura.

lazo y con el uso de esta fantasía, FREUD no sólo aclara el más allá del principio de placer sino también el acceso al lenguaje con la dimensión de pérdida que este implica.

Dicha capacidad suele presentarse bajo dos aspectos. O bien como un fenómeno sumamente refinado que aparece en el desarrollo de la persona después de la instauración de las relaciones triangulares (edípicas), o, por el contrario, como un fenómeno de las primeras fases de la vida (unidad). He aquí lo paradojal, pues poder estar solo depende de la experiencia vivida y repetida en la infancia y en la niñez de estar solo en presencia de la madre. Estar solo y poder hacerlo depende de la presencia real (en el principio) de la madre y luego –en otro tiempo- incorporada (asimilada). **Estar solo es posible cuando alguien, otro, se halla presente.**[12] Solo así el niño vivirá y experimentará una sensación de ser real, de existir. Real, aquí, implica al ser y la unificación de este con el *Self* a través de la nominación; que como es obvio viene del exterior, en la enunciación del otro: del medio.

El ser capaz de gozar de la soledad al lado de otra persona que también está sola constituye de por sí un indicador de salud. La capacidad del individuo para estar a solas depende de su aptitud para asimilar (integrar) los sentimientos ambivalentes (amor-odio, violencia-ternura, etc.) que se suscitan a partir de la escena originaria y que se reviven en la triangularidad edípica.

¿Cómo, y en dónde, vemos la incidencia de estos elementos: lazo, soporte, fantasía, simbolización?

La socialización

Como sabemos, la independencia nunca es absoluta. El individuo sano no queda aislado, sino que se relaciona con el medio ambiente de forma tal que la persona y el medio podrán calificarse independientemente. El premio que se recibe en la primera fase (Dependencia Absoluta) reside en que el proceso del desarrollo del bebé no sufre ninguna deformación, es decir, que haya -y se halle- continuidad y posibilidad de integración. En esta segunda etapa, llamada dependencia relativa, la recompensa consiste en que, el bebé, comienza a ser consciente de su dependencia. El niño empieza a comprender que la madre es necesaria.

Cuando el niño alcanza los dos años, se han producido ya algunos acontecimientos[13] que le preparan para enfrentarse con la pérdida. El infante pasa de una fase a otra. Se traslada.

¿Qué implica ese traslado?

Una Transición

12 Esta presencia, en dicha ausencia, indica ya la entrada de los fenómenos transicionales. Dando aquí por hecho que ya hubo y existió suficiente medio protector (yo auxiliar y barreras anti-estímulo).
13 Sostenimiento, presentación de los objetos, manipulación, cualificación (dar sentido): Fase de Dependencia Absoluta; en donde la madre le presta su Yo. Luego, y a través de la repetición y la constancia, en un continuo asimilable y transitable, en infante podrá ir integrando eso que le es extraño, ajeno (exterior) en tanto se desarrolla su propio Yo: Fase de Dependencia Relativa.

LOS FENÓMENOS TRANSICIONALES

Los Fenómenos Transicionales

¿Cómo ocurren?

WINNICOTT piensa que del uso que le dé el bebé al objeto dependerá ese espacio intermedio. Si bien los objetos pueden ser reales[14], será la relación que el bebé -o el adulto- establece con ellos la que nos interesa, es decir, lo subjetivo, lo que le representan.

¿Y cómo ocurre esa relación? ¿De qué depende?

De una investidura, de una toma de posesión

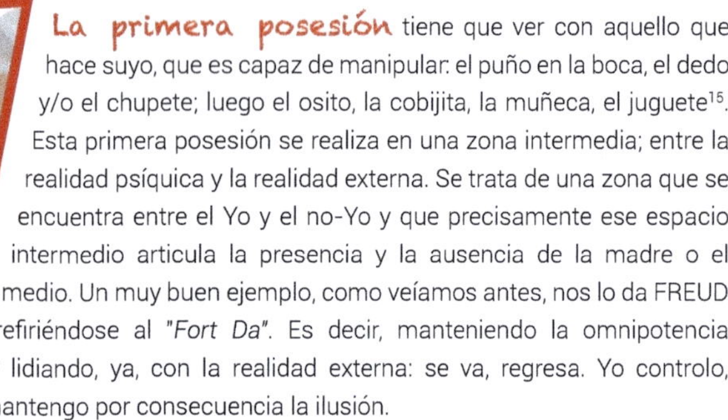

La primera posesión tiene que ver con aquello que hace suyo, que es capaz de manipular: el puño en la boca, el dedo y/o el chupete; luego el osito, la cobijita, la muñeca, el juguete[15]. Esta primera posesión se realiza en una zona intermedia; entre la realidad psíquica y la realidad externa. Se trata de una zona que se encuentra entre el Yo y el no-Yo y que precisamente ese espacio intermedio articula la presencia y la ausencia de la madre o el medio. Un muy buen ejemplo, como veíamos antes, nos lo da FREUD refiriéndose al *"Fort Da"*. Es decir, manteniendo la omnipotencia y lidiando, ya, con la realidad externa: se va, regresa. Yo controlo, mantengo por consecuencia la ilusión.

El juego, la creatividad, el arte, la literatura y la cultura en general pueden, perfectamente, ser entendidos a partir del desarrollo positivo de esta área o espacio transicional. En contra el fenómeno compulsivo, la inhibición, el narcisismo, el prejuicio, la falta de flexibilidad o de adaptación podrían situarse como fallos en esta etapa. Hemos de tener presente que los fenómenos transicionales no se limitan a un objeto, sino que se tratan, en general, de la manutención de una actividad mental relacionada con la fantasía.

Los objetos y fenómenos transicionales designan una zona <u>intermedia</u> y de experiencia. Se ubican entre el erotismo oral y la verdadera relación de objeto, entre la actividad creadora primaria y la proyección de lo que ya se ha introyectado, entre el desconocimiento primario de la deuda y el reconocimiento de ésta.

---

14 Chupete, peluche, manta, carretel; en el caso del bebé. Camiseta, coche, móvil, vestido en el caso del adulto.

15 Se podrían estudiar y analizar algunas cuestiones al respecto:

1.- La naturaleza del objeto (elección no casual)
2.- La capacidad del niño para reconocer el objeto como un no-yo
3.- La ubicación del objeto: afuera, adentro, en el límite.
4.- La capacidad del niño para crear, idear, imaginar, producir, originar un objeto.
5.- La iniciación de un tipo afectuoso de relación de objeto.

¿A qué me refiero?
¿Una Deuda? ¿Cuál?

Si recuerdan, el premio que se recibe en la primera fase (Dependencia Absoluta) reside en que el proceso del desarrollo del bebé no sufre ninguna deformación, es decir, que haya -y se halle- continuidad y posibilidad de integración. En esta segunda etapa, llamada dependencia relativa, la recompensa consiste en que, el bebé, comienza a ser consciente de su dependencia. Es decir que el niño empieza a comprender que la madre es necesaria, que lo cuida y que le sostiene, y que por consecuencia él la necesita, que de todo ello él se beneficia, le protege y mantiene, que la da una seguridad. Ante lo cual el bebé no es indiferente. Lo nota, lo percibe, lo recibe, se nutre, lo hace suyo. Es, pues, esta concientización la que se entiende como deuda.

Después de este texto, una buena imagen podría ser un niño que muestre su gratitud, una especie de aceptación, y agradecimiento, de lo sucedido.

¿El bebé es consciente de su dependencia?
¿Ello le afecta?
¿Cómo?
¿Hay -ahí- alguna relación con eso de la primera posesión?

Un cuerpo, una unidad como membrana limitante. Los límites, las diferencias permiten la existencia de lo que está en cuestión. No hay posibilidad de existencia si no hay principio y fin, es decir, delimitaciones. Los límites son, en principio, un reconocimiento. Delimitar, significa determinar, asignar un valor: diferenciar.

Ejemplo: Confusión (con-fusión). El niño se confunde, no es claro, organizado, diferenciado; se trata más bien de algo difuso, vago, impreciso. La ambigüedad genera duda, incertidumbre, confusión. La propuesta es ver o imaginar lo claro de lo que no lo es tanto.

La propuesta de WINNICOTT es ampliar la formula, de dos a tres[16]:

Realidad Interior - Vida Exterior
P - S

Para aclararlo me remitiré al mismo WINNICOTT en su artículo: *Objetos y fenómenos transicionales (1951) Estudio de la primera posesión "no yo"*.

WINNICOTT dice: "Yo afirmo que, si hay necesidad de este doble planteo, también la hay de uno triple; hay la tercera parte de la vida del ser humano, una parte que no podemos ignorar, una zona intermedia de experimentación, a la cual contribuyen tanto la realidad interior como la vida exterior... Lo que hago es reclamar la existencia de *un estado intermedio* entre la incapacidad y la capacidad creciente del pequeño para reconocer y aceptar la realidad."

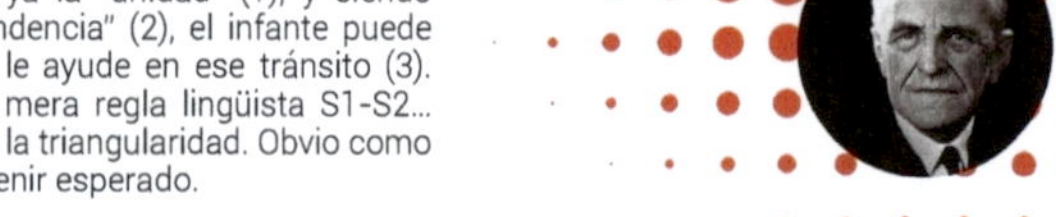

16 Habiendo pasado ya la "unidad" (1), y siendo "consciente de su dependencia" (2), el infante puede recurrir -usar- algo que le ayude en ese tránsito (3). Se trata tal vez de una mera regla lingüista S1-S2... Aunque atañe sin duda a la triangularidad. Obvio como expectativa, como el devenir esperado.

WINNICOTT es muy enfático cuando trata a este tipo de fenómenos, él mismo dice que a veces no hay ningún objeto transicional salvo la madre misma. Empero, también puede ocurrir que el pequeño se vea turbado en su desarrollo emocional y que no pueda disfrutar del estado de transición, o que se rompa la continuidad de los diversos objetos utilizados. Veremos, pues, algunos esbozos de lo que podría suceder en estos periodos. El cómo este transito puede vincularse con la psicopatología y/o con algunas situaciones traumáticas.

El Objeto Transicional es -y será- aquello que permite un lazo, un vínculo, se trata de un enlace; de un puente.

¿Existe algo en común entre el Objeto Transicional y el símbolo, la capacidad o función de éste?

Algunas relaciones del objeto transicional con el simbolismo son precisamente aquellas que permiten llegar a este estadio. ¿Qué quiere decir esto? Que el valor del Objeto Transicional no reside en aquel valor simbólico, sino el que se le otorga desde la realidad[17]. Cuando se emplea el simbolismo, el infante ya estará distinguiendo claramente entre fantasía y realidad, entre los objetos interiores y los exteriores, entre la creatividad primaria y la percepción. Cuestiones todas que nos ayudan a entender el proceso artístico, creativo, metafórico, recursivo; tanto para lo gente "sana", como para los "enfermos". Este va, desde la más básica diferenciación sujeto-objeto, realidad interior-realidad exterior, hasta el simbolismo pleno que involucra la propia subjetividad. Entiéndase a esta subjetividad como un proceso arduo y complejo para todas las organizaciones psíquicas o individuos y que resulta en una clara -y necesaria- diferenciación.

¿Qué distingue a este Objeto del Símbolo?
¿Cómo se forma?
¿De dónde surge?
¿Qué función tiene?

1. El Objeto Transicional representa el objeto (medio-madre) de la primera relación.
2. El Objeto Transicional le antecede a la instauración de la realidad.
3. En la relación con el Objeto transicional el bebé pasa, del control mágico omnipotente al control por manipulación.
4. El Objeto Transicional nunca se halla sometido a un control mágico como le sucede al objeto interior, ni está fuera de control como lo está la madre real. Se trata de una zona intermedia.

---

17 Considérese aquí realidad en el sentido freudiano, es decir, como aquello del psiquismo del sujeto que presenta coherencia y resistencia de la realidad material (exterior); y no en el sentido lacaniano como propia del registro del imaginario. La realidad, también, como la coherencia entre lo que se percibe y lo que se representa.

5. El desarrollo y consecución del Objeto Transicional tiene incidencia en la elaboración de esa disparidad natural: realidad psíquica-realidad exterior. Puede, de no cumplir su objetivo, convertirse en el antecedente de una adicción, de un fetiche y como tal persistir en forma de característica sexual del adulto y/o tener implicancias en la diferenciación básica yo - no yo, propia del necesario estadio de separación diferenciación.

Para indicar ciertas pautas, desde FREUD, podríamos ubicar a los fenómenos transicionales entre:

1. El narcisismo y la relación de objeto.
2. Entre el principio del placer y el principio de realidad.
3. Entre el proceso primario y el proceso secundario.
4. Entre la realidad psíquica y la realidad externa.
5. Y finalmente, entre el Yo y el no-Yo.

Todos estos dos, si ubicamos el entre, es decir, la Y, el guion, vemos que en realidad son tres. Un tercero intermedio.

¿Y qué es eso de una zona intermedia entre la realidad psíquica y la realidad exterior?

¿Cómo esta realidad impacta en la experiencia?

Se trata de una zona que no es objeto de desafío alguno, porque no se le presentan exigencias, salvo la de que exista como lugar de descanso para un individuo dedicado a la perpetua tarea humana de mantener separadas y a la vez interrelacionadas la realidad interna y la exterior. Algunas de las características de esta zona son: el sosiego, la paz, la no hay necesidad; las necesidades, aquí, están (o deberían estar) cubiertas.

WINNICOTT afirma que existe un estado intermedio entre la incapacidad del bebé para reconocer y aceptar la realidad, y su creciente capacidad para ello. Su enfoque tiene que ver con la primera posesión, y con la zona intermedia entre lo subjetivo y lo que se percibe en forma objetiva.

Algunos ejemplos son:

* El bebé toma un objeto exterior (una sábana, un peluche, el chupete, el biberón, un juguete, etc.) y lo introduce en su boca.
* El pulgar en la boca y el resto de la mano acariciando la cara.

En ambos ejemplos puede dimensionarse la importancia de dicho fenómeno; al crearse ese espacio transicional. Con su mano hace posible esta diferenciación entre el interior y el exterior; el vínculo depende de él. He aquí su dimensión...

ESPACIO TRANSICIONAL

FENÓMENO TRANSICIONAL

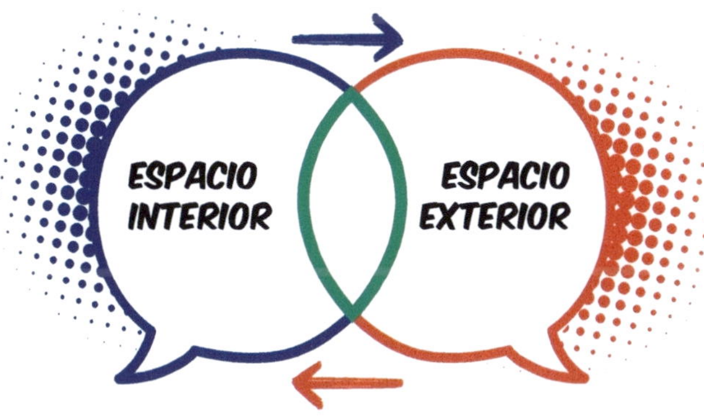

OBJETO TRANSICIONAL

La transición de la dependencia absoluta hacia la dependencia relativa es posible gracias a la Ilusión. WINNICOTT dice que este pasaje resulta tolerable a partir de creación. El bebé no tiene, ni debe tener, la capacidad de reconocer de facto la realidad externa; esta capacidad la va adquiriendo gradualmente. ¿Qué lo hace posible? La Ilusión. Es la ilusión el elemento creativo que permite articular ambas experiencias de un modo singular, propio, uno que le resulte asequible.

¿De qué depende que la Ilusión se mantenga?

De que se haya permitido ese periodo de omnipotencia, es decir, de que la madre haya sostenido y mantenido cierta continuidad.

Para renunciar a la omnipotencia y poder afrontar la realidad exterior (la prueba de realidad o el principio de realidad), el bebé necesita un espacio, un tiempo de asimilación. ¿Con qué cuenta en estos tiempos para dicha tramitación? Con los objetos externos y con la omnipotencia que posibilita investirlos, asignarles un valor para sí. Un sentido que permite un acceso. ¿Cuál? A una realidad externa.

Poco a poco el bebé irá pudiendo encontrar esos mecanismos5 que le permitirán transitar el espacio entre él y la madre; entre él y el medio. Sin que esta experiencia resulte traumática, es decir, hallando el vínculo, el lazo, entre uno y otro estado. En síntesis, sin que lo viva como una pérdida, sino como un proceso, uno que le hace crecer. Fantasear, soñar, recordar, serán recursos muy válidos para dicho proceso. Sin embargo, no olvidemos que todos estos dependen de que haya un registro: constancia, continuidad.

¿Acaba algún día este periodo transicional?

La tarea, dice SONIA ABADI interpretando a WINNICOTT, de aceptación de la realidad es una empresa que nunca concluye, y persiste a lo largo de toda la vida. El conflicto de relacionar la realidad psíquica con la realidad externa, y el riesgo de confundirlas, sólo se ve aliviado por la existencia y aceptación del área intermedia de ilusión.[18]

El Objeto Transicional ¿Qué es? ¿Qué implica?

WINNICOTT crea el concepto de Objeto Transicional para designar el uso que un bebé puede atribuirle a un objeto. Justamente se trata de un uso que posibilita un tránsito entre lo subjetivo y lo objetivo.

18 Nótese que esta área, particularmente en estas épocas de pandemia está notablemente afectada ya que implica la organización, la planeación, la decisión y gestión de proyectos.

Como hemos dicho antes, este objeto puede ser, en un principio, tan concreto como el chupete, el osito, la manta, el peluche o el juguete, y con el tiempo, tan abstracto, como la amistad, la música, la cultura o cualquier aspecto creativo. Es pues así, que la infancia y adultez convergen en el uso de esta gran posibilidad. En el caso infantil, es responsabilidad de los padres detectar y reconocer su valor. Así, lo llevan consigo cuando viajan, permiten que se ensucie y aun que tanga mal olor, pues saben que si lo lavan provocarán una ruptura en la continuidad (del fenómeno) de la experiencia del bebé, pudiendo destruir la significación y el valor del objeto para el bebé.

¿Existe un indicador temporal para dicho fenómeno?

Las pautas establecidas en la infancia pueden persistir en la niñez, de modo que el primer objeto sigue siendo una necesidad absoluta a la hora de acostarse, en momentos de soledad, cuando existe un peligro, etc. La necesidad de este objeto o la pauta de esta conducta, que comenzó a una edad muy temprana, puede reaparecer más adelante, cuando se presenta una amenaza o cierta angustia o ansiedad.

WINNICOTT sugiere que los fenómenos transicionales empiezan aparecer entre 4 y los 8 meses, dando un amplio margen que se amplía hasta los 12. Y que la duración de estos dependerá absolutamente de cada uno.

Los ejemplos aquí van, desde las pastillas (medicamentos) hasta los libros, pasando por la música, los cigarrillos, los rituales, etc. En las adicciones, por ejemplo, se halla una mala o inadecuada resolución de esta etapa; lo cual no quiere decir que la droga constituya un objeto transicional; ni el zapato en el caso del fetiche lo es. Estas son solo pautas de ciertas etiologías que tienen su base en esta etapa. Una etapa que permite asumir y elaborar una realidad externa. Cuando esta realidad no es satisfactoria o suficientemente asequible habrá fallos y se pretenderá que lo externo (un objeto en este tipo de casos) lo satisfaga o palie.

Debemos recodar que hay veces en las que el bebé no tiene ningún objeto transicional aparte de la madre misma. O en las que el bebé se siente tan perturbado en su desarrollo emocional que no resulta posible gozar del estado de transición. También debido a que, en el caso de haberlos encontrado, se rompe la secuencia -la continuidad- de los objetos usados. De aquí que exista una gran gama de posibilidades, dentro de la salud y la enfermedad, dentro de la posibilidad y dentro de la dependencia.

¿Qué es lo que diferencia este tipo de objeto de los otros?

Las características del Objeto Transicional son:

* Posee un valor electivo para el lactante o el bebé.
* Permite al bebé, o al niño, efectuar la transición entre la primera relación oral (dependencia e indiferenciación) con la madre y la verdadera relación de objeto (diferenciación del medio circundante).
* Corresponde con la posibilidad de la primera posesión de algo que es no Yo.
* Es una zona intermedia entre el erotismo oral y la verdadera relación objetal; entre la actividad creadora primaria y la proyección de lo que ha sido introyectado, entre la inconsciencia primaria de la deuda y el reconocimiento de la deuda.
* Se halla a la mitad del camino entre lo subjetivo y lo objetivo.

Como hemos visto antes, WINNICOTT habla también de fenómenos transicionales, los cuales cumplen algunas de las funciones del objeto transicional, estos pueden ser ciertos gestos y diversas actividades bucales como por ejemplo balbuceos, gemidos, tarareos, gesticulaciones, etc.[19]

¿De qué depende que surja el Objeto Transicional?

El objeto transicional proviene del exterior, pero el niño no lo concibe así, aunque éste sabe que no es producto del interior. Este tipo de objeto, si bien constituye un momento de paso hacia la percepción de un objeto netamente diferenciado del sujeto, es decir, hacia una relación de objeto propiamente dicha, esto no se ve así. El objeto transicional, y el fenómeno transicional, proporcionan, desde un principio, a todo ser humano algo que seguirá siendo siempre importante para él, a saber, un campo **NEUTRO** de experiencia que no será puesto en duda.

Pertenece, según WINNICOTT, al terreno de la ilusión. ¿A qué puntualmente se refiere esta ilusión? A un campo intermedio de experiencia, de la cual no necesita justificar la pertenencia a la realidad interior ni a la realidad exterior; constituye la parte más importante de la experiencia del niño y se prolongará a lo largo de toda la vida. Por ejemplo, en la esfera de las artes, de la religión, de la vida imaginativa, de la creación científica, etc.

El objeto transicional, al ser una zona libre de conflicto, no se pierde, es decir, no hay duelo, simplemente deja de catectizarse y responder a esa necesidad de la cual surge. En resumen, el surgimiento del objeto transicional posibilita dicha transición. No es indispensable, pero ayuda, sobre todo a lo referente a la Ilusión. El niño descubre, no al objeto, sino su posibilidad creadora. Se descubre como descubridor.

19 Podríamos pensar que los fenómenos transicionales le anteceden al objeto transicional propiamente dicho. Estos fenómenos son la aproximación definitiva a dichos objetos. Como hemos dicho antes, se trata de una etapa dinámica, en donde los tres conceptos (espacios, objetos y fenómenos transicionales) actúan constantemente. El fenómeno aquí, a partir del balbuceo, se refiere prácticamente a un recurso que el bebé emplea para la obtención de un fin: La transición. Es decir que el balbuceo como fenómeno representa un objeto que permite alcanzar un objetivo, una finalidad. Otra consideración sería el pensar al fin (al objetivo de transición) como un fenómeno. Es decir, como toda manifestación que se hace presente a la consciencia de un sujeto y aparece como objeto de su percepción, lo cual alivia su angustia y permite la elaboración. Lo que intento señalar es que podemos considerar al fenómeno como parte y también como resultado. Parte como explicaba antes a partir del balbuceo y resultado a partir de haberse encontrado un objeto, en un espacio, que produciría indiscutiblemente una consecuencia: un fenómeno.

Debemos tener presente que habrá, y hay casos, en que la sola presencia de la madre es largamente suficiente.

¿Qué debemos tener presente de esta relación?

1. El bebé adquiere derechos sobre el objeto y nosotros los aceptamos. Aunque desde el comienzo existe como cualidad cierta anulación de la omnipotencia.
2. El objeto es acunado con afecto, y al mismo tiempo amado y mutilado con excitación. Está a su completa disposición.
3. Nunca se debe cambiar, a menos de que lo cambie el propio bebé.
4. Tiene que sobrevivir al amor instintivo, así como al odio y a la agresión pura.
5. Debe cumplir con su función tranquilizadora (libre de conflicto), al bebé le parece que irradia calor, que se mueve, que posee cierta textura y/o vitalidad, una realidad propia.
6. Proviene de afuera, desde nuestro punto de vista, pero no para el bebé. Tampoco de adentro, pero no es una alucinación. Se trata de una creación específica producto de una investidura específica (una transicional).
7. Se permite que su destino sufra una descarga gradual, de modo que a lo largo de los años queda, no tanto olvidado sino relegado al limbo. No hay duelo.
8. En un estado de buena salud el objeto transicional no entra, ni es forzoso que el sentimiento relacionado con él sea reprimido. No se lo olvida ni se le llora. Simplemente va perdiendo su significación.

Es aquí donde el tema se amplia y abarca el juego y la creación; las actividades artísticas y/o los sentimientos religiosos; los sueños, las fantasías y también al fetichismo; las mentiras y los hurtos; el origen y la pérdida de los sentimientos afectuosos; la adicción, los rituales y un largo etcétera. Todos estos derivados de esta particular etapa transitoria.

¿Qué se pretende de esta etapa? ¿Cuál sería el objetivo fundamental?

Básicamente uno: Diferenciar la relación que se tiene con el Objeto del uso que uno puede darle.

¿Cuáles serían esas diferencias entre la Relación de Objeto y el Uso de un Objeto?

En la relación de objeto -dice WINNICOTT- el sujeto permite que se produzcan ciertas alteraciones en el *Self*, del tipo de las que nos llevaron a inventar el término catexia, investidura, ligadura. Es, pues, que el objeto se vuelve significativo. Aquí ya han actuado los mecanismos de proyección e identificación y el sujeto se ha vaciado; esto, en el sentido, de que parte de él se encuentra (se desplaza y transfiere) en el objeto. Ello enriquece el sentimiento, justamente, por lo que le representa. La relación de objeto es una experiencia del sujeto que puede describirse como si éste estuviera aislado, separado, diferenciado de lo que le imprime el sujeto.

¿En qué cambia el uso del Objeto?

Para que se pueda hablar de Uso, hay que dar por sentada la relación con el objeto y agregar nuevos rasgos que abarcan la naturaleza y conducta del objeto. ¿Y a qué se refiere WINNICOTT con "naturaleza"? A que este tiene que ser real. Por ejemplo. Si se desea usar un objeto es indispensable que el objeto sea real, real en el sentido de formar parte de la realidad compartida y no un manojo de proyecciones. La diferencia más significativa entre el uso y la relación es que dentro del uso debe existir de manera externa (real y objetiva) y dentro de la relación (puede seguir siendo interna-subjetiva).

WINNICOTT dice: Si se examina al Uso "no hay escapatoria: el analista debe tener en cuenta la naturaleza del objeto, no como proyección, sino como una cosa en sí". Funciona como contención, como referencia, una externa y objetiva. "**Relacionarse** es descriptible en términos del sujeto, en tanto que el **Uso** no puede describirse si no se acepta la existencia independiente del objeto, su propiedad de haber estado presente todo el tiempo." [20] A partir de aquí, es de donde Winnicott alude a ese pasaje: de la Relación al Uso. ¿De qué depende? De ser "suficientemente" bueno (madres o analistas).

Para usar un objeto es preciso que el sujeto haya desarrollado una capacidad que le permita usarlos. ¿Cuál es, cuál sería? El principio de realidad.

20 Cita de Winnicott. Página 266 "Exploraciones psicoanalíticas I"

¿De qué depende dicha capacidad?

No es posible decir que tal capacidad sea innata, ni dar por sentado su desarrollo en un individuo. El desarrollo de la aptitud para usar un objeto -dice WINNICOTT- es otro ejemplo de que el proceso de maduración depende de un ambiente facilitador. "En la secuencia podría decirse que primero viene la relación de objeto y al final el uso del objeto; pero la parte intermedia es quizá la más difícil del desarrollo humano".

¿Y qué es lo que está en el medio?

¿A qué se refiere esta parte intermedia, Entre?

BOOM

5

EL ENTRE (METAXÍ)

El Principio de Realidad. FREUD-WINNICOTT. Diferencias.

El *Self*, bien puede ser ubicado entre el cuerpo y el mundo externo. "La Psique es una estructura intermediaria entre el organismo y el entorno."[21] Demos, pues, cabida a aquello que se encuentre en el medio, en el entre.

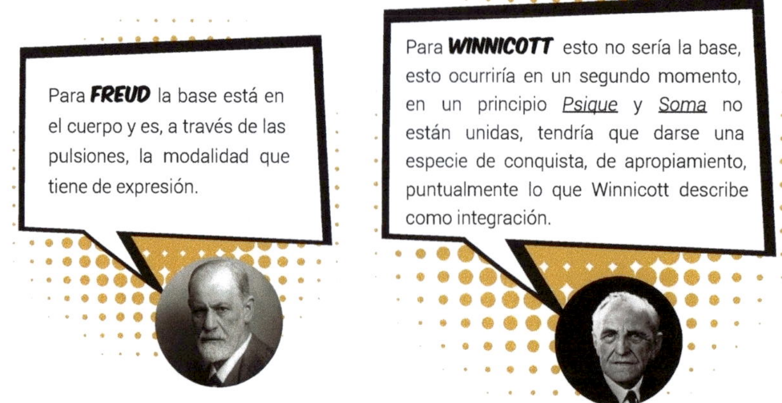

Esto no es menor ya que implica una diferencia aun mayor entre WINNICOTT y FREUD. Me refiero al Principio de Realidad:
La perspectiva winnicottiana parte de la necesidad de construir un *Self*, uno que permita enfrentarse a la realidad externa; uno que la distinga. Es, el *Self*, quien permitirá la experiencia de separación en donde el objeto ya no se encuentra en el área de control omnipotente. Para WINNICOTT la imaginación funda el desarrollo emocional y psíquico.

La psique, en palabras del autor inglés, se forja a partir del material de la elaboración imaginativa del funcionamiento corporal. Es, así, que la Psique se funda en una ausencia y son las pulsiones quienes se encarnan en esa elaboración imaginativa. Además, es precisamente ahí donde ubicamos a la ilusión.

¿Qué implica este proceso?

Nada menos que la distinción entre el primer objeto y la primera posesión, en donde la segunda incluye ya un no-Yo. Como ven, se trata de dos cuerpos, dos, y ya no uno, dos que son posibles por esa zona intermedia, por esa distinción, por esa ausencia, por ese espacio entre los dos que manifiesta la idea de algo que no está presente[22].

---

21 Cita de André Green. Página 20 "Jugar con Winnicott".
22 Un objeto tercero, al decir de Green, que implica un trabajo con lo negativo. Es decir, con la ausencia y/o falta.

Me permito aquí hacer un breve paréntesis y me remonto en la historia, a las fuentes de nuestro pensar. Platón, en el Banquete, habla del amor, de sus vicisitudes, del cómo éste influye en la relación, en el vínculo; concretamente en cómo lo instituye a partir de la *Metaxí*.

El **entre** (*Metaxí* en griego) se refiere al intercambio que se produce entre el no saber de lo que se carece (posición de Erastés, como demanda y sin saberlo), y no saber lo que se posee (posición de Erómenos, de oferta y sin saberlo). Esto es lo que vendrá a ser revelado en la dialéctica misma de la relación amorosa, y no debemos olvidar, que es justamente el amor el efecto de la transferencia. El amor involucra una reciprocidad imaginaria, ya que "amar es, esencialmente, desear ser amado"[23]. Esta reciprocidad entre amar y ser amado es lo que constituye, lo que funda, la Ilusión[24]. Ahora bien, ¿cómo esta ilusión interviene en la relación?

Ambos, Erastés y Erómenos, juegan e intercambian sus posiciones: de oferta y demanda. Sólo así -dice Diotima- es posible el amor. El lugar del amor es entonces intermedio, es decir, entre lo de uno y lo del otro, entre dos (*Metaxí*). Es precisamente este **"entre"** el que alude a la decisión, es este **"entre"** el que hace al acontecimiento; al *Ereignis heideggeriano*[25]. El amor es una metáfora, un traslado, un trasporte, una vía. El amor está entre, precisamente entre dos. Aceptar la falta es, entonces, indispensable para acceder al amor. Dar lo que se es[26], desde el verdadero *Self*, implica el gesto y la consideración de fórmulas como amo en ti, a diferencia de te amo a ti, esto es clave para entender la problemática del amor. En la primera se está en el orden de la admiración, de la aceptación, del ofrecimiento; hay una exposición. A diferencia de la segunda –te amo a ti- en donde hay demanda, pedido, de aquello ante lo cual se está atraído, se trata, aquí, de evitar la falta.

¿Qué tiene esto que ver con el Psicoanálisis? ¿Cómo implica a la Psicoterapia?

FREUD, en recordar, repetir y reelaborar (1914), dice:

> "cuando el paciente muestra al menos tal complacencia que respeta las condiciones de existencia del tratamiento, conseguimos regularmente dar una nueva significación de transferencia a todos los síntomas de la enfermedad, reemplazar sus neurosis ordinarias por una neurosis de transferencia, de la cual puede ser curado por el trabajo terapéutico. La transferencia crea así un reino **intermediario** (*Metaxí*) entre la enfermedad y la vida por el que se efectúa el pasaje de la primera a la última."

Como vemos, se trata del entre, de identificar -y usar- esa separación. Separar, etimológicamente -separare, separir- significa engendrar, dar cabida al ser, generarle o procurarle un lugar.

---

23 Lacan. Seminario 11 página 253.
24 Entiéndase aquí a la ilusión desde el postulado y referente winnicottiano.
25 Véase mi trabajo: "Cuando el Amor se dirige A-sí.": Mauricio Santín Iriarte (historia-psicoanalisis.com)
26 Lacan en el seminario 10, clase 25, dice: el sujeto es requerido ante todo por el Otro a manifestarse como sujeto, sujeto de pleno derecho, sujeto que aquí ya tiene que dar lo que es, en tanto que ese pasaje, esa entrada en el mundo de lo que él es no puede efectuarse sino como resto, como irreductible en relación con el sello simbólico que le es impuesto.

Hacernos preguntas como estas: ¿Cómo ocurrió dicha separación? ¿Qué impacto tuvo? ¿Cuál tiene? ¿Con qué elementos o recursos se contaba? ¿Se pudieron usar? ¿Se mantuvieron? ¿Qué valor les da? ¿Tienen cierta vigencia?

Nos orientará en el terreno en donde suele moverse nuestro paciente, nos ayudará, además, a identificar -y usar- sus significantes en tanto y en cuanto son estos los que construyen una cadena metonímica que apunta a la resolución de algo insatisfecho, frustrado, anhelado y un largo etcétera...

¿Y cómo lo relacionamos con la obra de D. W. WINNICOTT?

A partir de tres cosas:

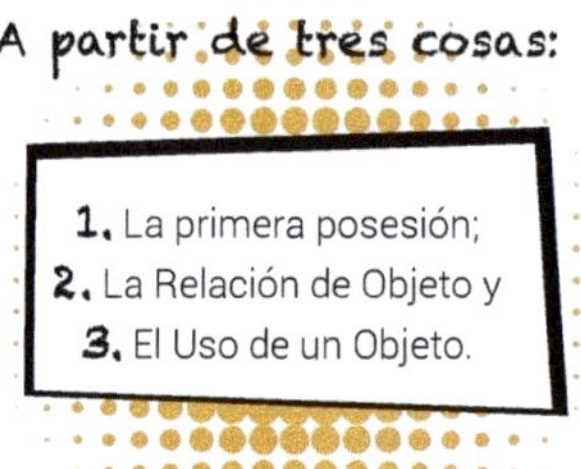

De estos tres temas dependerá ese necesario tránsito, ese pasaje y esa aceptación.

¿Cómo ayudamos?

Siendo "suficientemente" buenos (madres o analistas).

¿Qué podemos hacer?

Tener siempre presente esa ausencia, ese tránsito, ese entre: La Metaxí.

Cierro ese paréntesis y recapitulo. **Para usar un objeto es preciso que el sujeto haya desarrollado una capacidad que le permita usarlos**. ¿Cuál es? ¿Cuál sería? Desde mi punto de vista, nada menos que el principio de realidad. Y ¿de qué depende dicha capacidad siguiendo la línea winnicottiana? Pues de un ambiente facilitador.

Veamos qué nos dice nuestro autor inglés. WINNICOTT propone una serie de etapas: "En la secuencia podría decirse que primero viene la relación de objeto y al final el uso del objeto; pero la parte **intermedia** es quizá la más difícil del desarrollo humano". Lo que existe entre **la relación y el uso** es la acción del sujeto de colocar al objeto fuera de la zona de control omnipotente, es decir, de percibir al objeto como un fenómeno exterior, no como una entidad proyectiva, y en rigor reconocerlo como una entidad de derecho propio, una que tiene la cualidad de mantener la Ilusión.

Lo que intento decir es que para poder ser usado debe -el objeto- sobrevivir a la destrucción.

El sujeto le dice al objeto "te destruí", y el objeto se encuentra ahí para recibir la comunicación. Es a partir de aquí que el objeto cobra otra dimensión: "Te amo, tienes valor para mí por haber sobrevivido". Si sobrevive ofrece al sujeto sus propiedades de representación (de continuidad), una que, hasta antes, o le era dudosa, o le pasaba desapercibida (no le era conocida). De aquí su gran valor ya que le ofrece ligadura, lo cual implica, ya, un proceso secundario.

Es a partir de entonces que WINNICOTT puede afirmar que cuando se ha llegado a esta etapa, los mecanismos proyectivos colaboran en el acto de percibir que hay un exterior, un otro, pero que aún no es suficiente para que el objeto, como medio de respaldo, se encuentre ahí, es decir, que este infante pueda salir de la omnipotencia, que tolere esta alteridad. Es, pues, a este proceso, a esta transición, a la que me refiero y que implica otro sentido del propuesto por FREUD o KLEIN. Lo cual, en mi opinión, se aparta de la teoría freudiana, y sobre todo de la kleniana, que tiende a concebir la realidad exterior sólo en función de los mecanismos proyectivos del individuo.

Para WINNICOTT el punto de inflexión ocurre cuando éste puede concebir la capacidad de solicitud. Será a partir de esta diferenciación que podemos entender, y sobre todo dimensionar, el valor de ese Principio de Realidad. Quiero decir que depende de esa separación; de aquí que ponga el acento e insista en la repercusión de este espacio, de este "entre".

¿Qué tipo de consecuencias habrían de no distinguirse estos espacios?

¿Cuáles serían?

¿Con qué contamos para hacerle frente a esta transición?

WINNICOTT distingue dos tipos de objetos: El Objeto Subjetivo y Objeto Objetivo. El primero lo podemos concebir como un objeto parcial y al segundo como uno total.

El Objeto Subjetivo atiende y responde al periodo previo a la individuación. Será, precisamente de la sobrevivencia de este período que podrá convertirse en objetivo. El postulado central de WINNICOTT afirma que si bien el sujeto no destruye al Objeto Subjetivo (material de proyección), la destrucción aparece y se convierte en un aspecto central cuando el objeto es percibido de manera objetiva, es decir, que tiene autonomía y pertenece a la realidad "compartida". El sujeto debe poder destruir al objeto subjetivo; de no hacerlo, perderá su condición de sujeto.

¿Qué intento decir?

Que de ello depende la posibilidad de diferenciación e individuación: de creación.

Al no poder destruirlo -o al no sobrevivir este objeto subjetivo a este periodo- podría depender de éste, someterse a éste atendiendo a sus demandas. El objeto subjetivo es subjetivo debido a que es el bebé quien lo crea (como material proyectivo); luego, el objeto ha de sobrevivir a la destrucción del bebé para poder convertirse en objetivo. Es pues el medio quien se adapta, quien sobrevive, no a la inversa.

Como vemos, hay una gran diferencia entre WINNICOTT y sus antecesores (exceptuando a FERENCZI) respecto de la concepción del Principio de Realidad. En general, se entiende que el Principio de Realidad lleva al individuo a la ira y a la reacción destructiva. La tesis winnicottiana dice que la destrucción desempeña un papel fundamental en la construcción de la realidad, precisamente cuando se coloca al objeto fuera del Self.

¿Qué quiere decir esto?

Justamente que cuando se puede, se ha alcanzado una diferenciación (interna-externa; principio del placer- principio de realidad).

Lo alterno, lo externo, lo que está fuera de sí, empieza a resultar tolerable. Es precisamente esa tolerabilidad la que permite un acceso, un acercamiento, a la totalidad Objeto Objetivo, esa que no se alcanzaba desde lo parcial (objeto subjetivo). De aquí la gran importancia del objeto real externo desde los primeros tiempos. De éste dependerá la salida de la omnipotencia.

La destrucción es un logro que permite el acceso a otro estadio, otro que se distingue de uno subjetivo y que alcanza uno objetivo.

¿Cómo incide esto en la clínica? ¿A qué debemos prestar especial atención?

A la actividad destructiva. Esta actividad destructiva es -y será- el intento del paciente por colocar al analista fuera de la zona de control de omnipotencia, es decir, en el mundo. Sin la experiencia de máxima destructividad (objeto no protegido), el sujeto nunca coloca al analista fuera, y por lo tanto jamás puede hacer otra cosa que experimentar una especie de auto análisis, usando al analista como una proyección de una parte del *Self*.

Usando una metáfora propia de los trastornos de la alimentación. El paciente solo puede alimentarse del *Self* del analista y no le es posible usar esa realidad exterior para poder engordar, crecer y/o experimentar. Con lo cual el analista se convierte en un fenómeno subjetivo. En la práctica analítica -dice WINNICOTT- los cambios positivos que se producen en esta zona pueden ser muy profundos y No dependen del trabajo interpretativo, sino de la supervivencia del analista a los ataques.

En síntesis, el postulado de WINNICOTT, aludiendo al Uso del Objeto, invierte el postulado freudiano, en donde la agresión es una reacción producida al toparse con el principio de realidad, en tanto que aquí, con WINNICOTT y antes con FERENCZI, el impulso destructivo es el que crea la cualidad de exterioridad. Es decir, que se pueda tolerar la agresión; que se sobreviva a la destrucción, genera ya un principio de realidad, un otro objetivo, un otro exterior.[27]

¿Existe un método para su consideración? ¿Cómo se aplicaría?

Apelar al tercero. ANDRÉ GREEN en su libro "El pensamiento clínico" habla de la instancia tercera. Se refiere a esta como una instancia que no es legal sino ética.

Ahí dice: “La lucidez del analista espera que este no caiga en las trampas masoquistas del analizante, pero fallará si pretende burlarlas respondiendo con medidas que, sean cuales fueren sus intenciones, terminen ocupando en lugar del sádico. *Es la oportunidad para recordar el sentido de la neutralidad, ni en favor ni en contra, lo cual no quiere decir en ningún lado, sino en otra parte, como tercero*. La neutralidad no borra la memoria; ella liga los eslabones para servir el sentido, pero un sentido que se ha deslizado bajo las palabras y sólo resurge ataviado de falsificaciones que lo vuelven irreconocible.”[28] Y agrega: “En suma, para FREUD, la pulsión en su doble relación con el objeto y con el yo es la que da cuenta de lo ineluctable de la posición tercera”, es justamente esto lo que da origen a lo simbólico. Justamente aquí podríamos considerar al inconsciente como un tercero, es decir, entre el sujeto y el objeto. Es, así, la terceridad la que domina la relación en tanto y en cuanto que es -precisamente este tercero- el que los pone en relación.

---

27 El ataque con ira relativo al encuentro con el principio de realidad es un concepto más sutil, posterior a la destrucción que se plantea aquí a partir de Winnicott. No hay ira -ni debe haberla- en la destrucción del objeto a la que se refiere Winnicott, aunque si, pudiese decirse, alegría ante la supervivencia del objeto.
28 Cita de André Green. "El pensamiento clínico". Página 254 Ed. Amorrurtu.

¿Y por qué lo señalo?

Pues porque ese tercero es un ausente más que presente, tiene una relación directa con la transferencia, ya que ésta enuncia, constantemente, la ausencia, lo que falta.

Es, precisamente así, que llegamos a la necesidad de trabajar con lo negativo; ese punto cardinal, como lo llama GREEN, en donde las condiciones de intercambio han sido modificadas. A no necesariamente le antecede a B y B no solo tiene injerencia con A sino que ambos están correlacionados por su vínculo, por ese guion que los separa y que a la vez los une, por ese tercero, por esa ausencia presente: por ese NO-YO.

"Por una parte, todo lo que se relaciona con la presencia -o incluso con una necesidad de presencia- se encuentra exacerbado más que en cualquier otra circunstancia. Por otra, el desvío -e incluso el alejamiento-, en todo lo que podría ocupar el lugar de respuesta, crece en la misma proporción que el exceso que lo suscita. Es en esta distancia donde se inscribe el trabajo de lo negativo, como representancia, defensa, elaboración y finalmente sustitución o, por el contrario, como irrepresentable, invalidación, obstinación dolorosa y reivindicadora y, finalmente compulsión repetitiva. El redoblamiento -continúa GREEN- de estas dos coordenadas, lenguaje como relación de ausencia con la cosa[29], y relación con la cosa en su ausencia[30] puede producir efectos generativos. Puede dar lugar a la revelación de un producto oculto (en estado positivo) para la psique."[31] Es, pues, que el trabajo con lo negativo cobra un valor fundamental, justamente de éste depende el lugar: el trabajo con lo negativo propone y da lugar.

¿Cómo podemos usar este concepto?

El trabajo con lo negativo establece las condiciones que hacen posible el análisis por un tercero.
Por ejemplo, dice GREEN, definir al objeto transicional como "posesión no-yo" es considerar al concepto de objeto desde un ángulo diferente, privándolo de sus habituales connotaciones positivas, ya sea como objeto que satisface una necesidad o un deseo, ya sea como un objeto fantaseado.

Aquí, el objeto es definido como un negativo del Yo, lo cual tiene muchas implicaciones en lo tocante a la omnipotencia. Distinguir, como WINNICOTT hace, el primer objeto de la primera "posesión no-yo" amplia nuestro pensamiento, sobre todo si esta experiencia se sitúa en una zona intermedia entre dos partes de dos cuerpos, boca y pecho, lo que va a crear un tercer objeto entre ellos, no sólo en el espacio real que los separa, sino también en el espacio potencial de su reunión tras su separación. Además, dado que esto implica la idea de algo que no está presente, nos encontramos nuevamente con otra significación de lo negativo.

29 Esta coordenada, agregaría yo, tiene que ver más como efecto de la represión, su función sería mantener, evitando así su pérdida o separación.
30 Aquí estaríamos más en el territorio de la renegación, es decir, apartando y evitando todo aquello que NO ocurrió y que se pretende acceder, o acercar, a través de la cosa.
31 Cita de André Green. "El pensamiento clínico". Página 279 Ed. Amorrurtu.

¿Y qué es?

La noción del objeto tercero.

¿De qué nos valemos para su uso?

De nada menos que de la pulsión y de la neutralidad.

La neutralidad del analista al no estar a favor o en contra no quiere decir que no se ubique en algún lugar, ese lugar, como hemos dicho, es el del tercero, un tercero que como en el ejemplo anterior (boca-pecho) da lugar al proceso simbólico. La clave, desde mi punto de vista, está en la pulsión. Si consideramos a la pulsión desde su doble relación, es decir, con el objeto y con el Yo, es lo que propicia una posición tercera, la pulsión es el vínculo, el enlace. Es, pues, ésta la que da entrada al orden simbólico. Ese es, precisamente, el que debemos enlazar, buscar, construir, mediar y un muy largo etcétera. Se trata del cómo, cuándo, dónde, para qué, indagando si se accede, o no, a la representación, si hay, o no, una diferenciación, es decir, una clara distinción entre el yo y el no-yo.

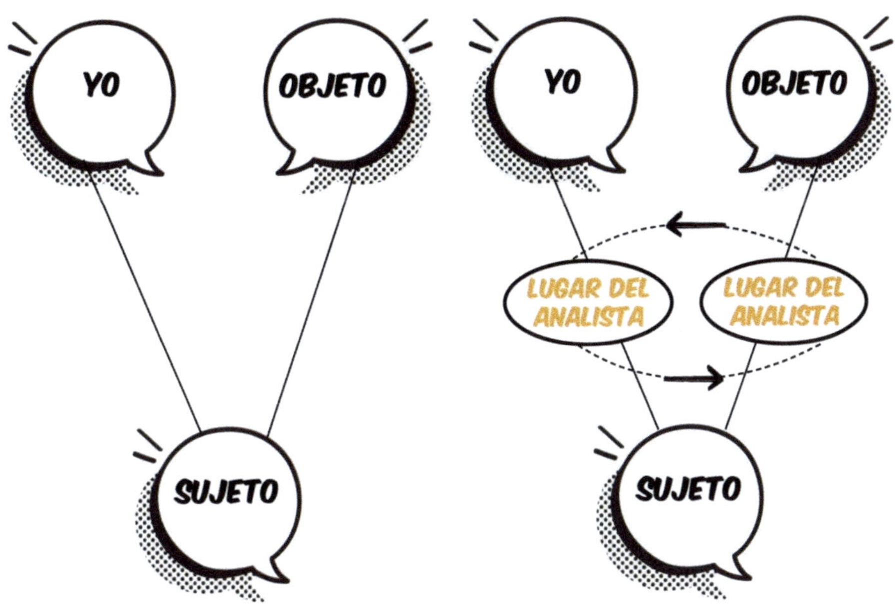

Para explicarlo gráficamente, la idea de lo negativo es como ocurre en la fotografía o con el diseño. El espacio negativo es el resto, es decir, esos espacios "vacíos" que quedan entre el sujeto principal, el espacio positivo y el borde de la imagen. Es un espacio sin información. El espacio negativo es la parte del diseño que "no está ahí". El resto del espacio que se encuentra -y sobre todo que interactúa- entre los diversos elementos. Se trata de espacios, zonas vacías o abiertas, alrededor de un objeto; de un área de respiración que determina el efecto de un diseño; podríamos decir, que lo define.

Como vemos se trata de un espacio que lejos de ser pasivo, o inactivo, se encuentra latente y operando, activo y delineando esos aconteceres.

6

LA TÉCNICA

La Técnica, desde la concepción de WINNICOTT, consiste en mantener separados y a la vez interrelacionados el mundo interno y el mundo externo. Esta tarea es la que debemos proveer y promover en las sesiones. Solo -dice él- una zona de reposo permite tolerar esta laboriosa empresa. El espacio transicional, un espacio de ilusión, es lo que da sentido: la vida se juega ahí.

Como hemos dicho ya, la tolerancia, desde la función materna para y por la omnipotencia del bebé y luego la aceptación de la fantasía y del espacio de juego en el niño, inauguran y amplían esta zona. WINNICOTT piensa que no hay salud posible, ni actividad creadora, ni sentimiento de ser para alguien que ha sido privado de esta zona y espacio. Es pues, éste, el sentido y objetivo fundamental del tratamiento psicoanalítico: **La apertura y expansión del espacio transicional.**

WINNICOTT piensa que no hay salud posible, ni actividad creadora, ni sentimiento de ser para alguien que ha sido privado de esta zona y espacio.

Como sabemos, este espacio intermedio, entre el adentro y el afuera, entre lo interno y lo externo, es lo que da sentido. No sólo es, por consecuencia del sentido, clave para entender la situación y la problemática del paciente, sino que también lo es si pretendemos un buen funcionamiento del aparato psíquico y su consecuencia en la salud mental.

¿Qué suele ocurrir si éste falla o falta?

WINNICOTT explica tres consecuencias:

1. Se producirá una **confusión**, una entre lo que es interno y lo que pertenece a lo externo; como sucede en el caso límite o fronterizo.
2. Habrá un **replegamiento** (esquizoide), por el exceso de dicha separación. Es decir, no se acepta o tolera uno u otro (el adentro o el afuera).
3. O se tiende a la **concretización** de la relación con la realidad a través de la adaptación excesiva al ambiente o entorno, con su inevitable consecuencia para el *Self*, es decir, una falta de contacto e interacción con el mundo interno, lo que origina un falso *Self*.

Estos postulados winnicottianos difieren de la teoría clásica de FREUD en el sentido que para él habría un primer momento de contacto entre el Yo realidad con el reconocimiento de lo propio y lo externo, luego, y a partir de aquí, se crearía una zona libre de presiones de dicho principio de realidad. Es pues, entonces, que surge la fantasía.[32]

WINNICOTT, en cambio, propone la transición (valiéndose del espacio, del objeto y/o del fenómeno). Apuesta por la manutención de la ilusión como lo indispensable para poder lidiar, tolerar y soportar ese principio de realidad. Es a partir de esta concepción del psiquismo, de este orden u ordenamiento, que podemos intervenir en cualquiera de sus modalidades: interpretando, señalando, construyendo, etc. WINNICOTT parte de aquí para establecer los objetivos, la modalidad y los alcances del tratamiento psicoanalítico.

¿Qué es lo que intento subrayar?

¿A qué específicamente me estoy refiriendo?

A que es responsabilidad del analista brindar al paciente las condiciones necesarias para mantener -o crear, en el caso de haber fallado- la ilusión. Es justamente a partir de aquí que el paciente podrá desplegar nuevas experiencias, sentidos y aptitudes. Será esto lo que origine un espacio, uno que se viva y sienta como propio.

¿Y cómo se propicia?

Hablemos del encuadre, de su función. BLEGER (1967) estableció que el proceso psicoanalítico, como todo proceso, necesita de un No Proceso para poder realizarse y dijo que esta parte fija o estable es **el Encuadre**.

---

32 Dicha ilación la podemos entender y verificar a partir de las diferenciaciones entre. Yo Real Primitivo; Yo Placer Purificado y finalmente el Yo Real Definitivo. Freud, principalmente en 1911 y 1925, concretamente en "formulaciones sobre los dos principios de funcionamiento psíquico" y "las pulsiones y sus destinos" respectivamente, señala la oposición entre yo placer y yo realidad. Este pasaje se debe, principalmente, al tránsito entre el Yo Real Inicial (YRI) y el Yo Real Definitivo (YRD) pasando por el Yo Placer Purificado (YPP). Aquí algunas distinciones:
El Yo Real Inicial se basa en la posibilidad de realizar determinados movimientos, algunos de los cuales al principio son reflejos, como los de alejamiento o acercamiento a una fuente de estímulo. Por ejemplo, abrir o cerrar los ojos ante el estímulo de la luz, el rechazo o pataleo ante el calor o frio. En general estos movimientos se realizan respecto de las pulsiones de autoconservación, las que rápidamente se someten al principio de realidad, por lo que se permite sentir a los estímulos pulsionales internos, como el hambre o la sed, como propios. El YRI permite ir reconociendo los limites corporales.
El Yo Placer Purificado es un tipo de funcionamiento que Freud explica a partir del Principio del Placer, es evidente que la lógica de estos juicios de este tipo de Yo no está regida por el principio de realidad, sino por el del placer, en este sentido corresponde al yo de la defensa, al Yo inconsciente. Sin embargo, esta forma crea las bases para que el YRD funcione. El YPP funciona con la categoría de ser, se es el placer o no se es, no hay tener dentro de sus concepciones. Lo que se es, o sea todo lo placentero, se ama; lo que no se es, o sea todo lo displacentero, se odia. No hay integración posible.
El Yo Real Definitivo se refiere a un funcionamiento que predomina en el adulto, y en el niño una vez concluido el periodo del complejo de Edipo, con un Superyó instalado y vigilando al Yo para que esté atento, a su vez, ante el peligro de que retornen las pulsiones del ello y de la realidad exterior. Al ser un Yo preservado del peligro pulsional puede funcionar más fácilmente con el Principio de Realidad, pues ya no está al servicio de la pulsión, presionándole y/o angustiándole constantemente con la misma insistencia. Se instaura por consecuencia un proceso secundario. El YRD va creciendo apoyado en el YRI y en el YPP, este YRD es una síntesis y una consecución de los dos anteriores.

El encuadre, dice, Etchegoyen[33], queda así definido como el conjunto de constantes gracias a las cuales puede tener lugar el proceso psicoanalítico.

¿Cuáles son esas constantes?

Un día, o días de sesión
Una hora, los horarios establecidos
Unos honorarios y el modo de pago
Un espacio, el despacho, o el que se acuerde por distancias o pandemias
Un método: el mayéutico
Un tiempo (45-50 minutos por sesión)

Para **WINNICOTT**, la regresión, más que a los puntos de fijación psicosexual, se hace a las etapas de mayor dependencia. Es precisamente esa la función del encuadre: contener en la regresión a la dependencia.

En síntesis, todas esas constantes que aluden al No-Yo del paciente, es decir, a todo aquel proceso que dentro de su constancia y estabilidad ayudará y promoverá a que lo otro cambie, a que lo otro se modifique, eso otro que es nada menos que el Yo y sus vicisitudes, eso otro que es propio, eso otro que es el proceso personal de quien consulta.

Este espacio, al mantener dichas contantes, sostiene, cumple la función de *Holding*; al permitirse un juego, en la transposición del sentido, conduce a un *Handling*; y finalmente, a partir de la escucha atenta y sincera, sin juicios o dictaminaciones sino con intervenciones respetuosas y a tiempo, Presenta un Objeto. Uno que resulta tolerable, asequible y, cómo no, útil. Será, pues, a partir de estos tres que un espacio nuevo surga, se crea así algo, algo nuevo que provoca ilusión. Esa ilusión que es indispensable para una continuidad existencial, una, también, que se permite idas y vueltas: proyecciones y regresiones, re-ediciones.

¿Es necesaria dicha creación? ¿Qué función tiene?

33 Página 574 de "Los fundamentos de la técnica psicoanalítica". Ed. Amorrortu.

La creación y el uso de este espacio permite la regresión a periodos de dependencia, dependencia absoluta o relativa, a vivencias de no integración, es decir, en donde ese ser no estaba integrado, pero no se repite -por la contención y permanencia de dicho espacio esa sensación de dilución, de derrumbe o de desfallecimiento. La angustia, ahora puede tolerarse, ya no se escinde o aparta, sino que puede, gracias al encuadre, procesarse. Es, justamente esto, lo que otorga la experiencia del ser en el tiempo.

¿Qué implica la Regresión? ¿Cómo afecta a la Dependencia?

WINNICOTT apunta a una necesaria diferenciación entre la regresión y el replegamiento. Comenta que, en la regresión -propicia dentro de un encuadre sostenedor- habría un sentimiento de confianza en el ambiente (en el medio) que permite dejar en suspenso las defensas y retomar, o abordar, estados de no integración. En el replegamiento, en cambio, se vive cierta persecución, es decir, ese medio no es vivido o sentido como suficientemente bueno. El encuadre invita a la regresión por su confiabilidad, por su continuidad; reproduce en esa existencia y manutención la relación temprana con un medio ambiente sostenedor: cuida y orienta. En los casos de patología grave, dice WINNICOTT, es mucho más importante mantener el encuadre que hacer intervenciones o interpretaciones puntuales.

¿Tiene algo que ver el Encuadre con el Yo?

Como veíamos antes con BLEGER, el encuadre puede ser visto como un No proceso, uno que promueve que se procese algo, es decir, que se mueva algo. ¿Y qué es ese algo? El Yo[34]. Si el análisis provee un espacio neutro, de sostén, tanto las satisfacciones como las frustraciones podrán ser procesadas psíquicamente, lo cual enriquece al Yo y promueve el surgimiento de un *Self* verdadero sin tanto riesgo. En resumen, para que algo cambie es más fácil que lo haga a partir de que lo otro no cambia. ¿Y qué es lo que cambia y lo que no cambia? El Yo y el Encuadre. Para que el Yo se fortalezca se debe a que lo otro (lo externo, el No Yo) no se mueva, que lo otro respete esos ritmos y tiempos del Yo. ¿Y qué es lo otro aquí? El encuadre y su continuidad.

¿Basta con mantener la continuidad del encuadre para promover la regresión?

Debemos tener muy presente que para el paciente resulta no sólo penoso, sino también riesgoso exponerse a la dependencia; la experiencia previa y la defensa que hubo de encontrarse se ponen en cuestionamiento.

34 Entiéndase aquí al Yo en su proceso dinámico y metapsicológico.

El paciente se enfrenta a una doble angustia: revivir lo ocurrido y desprenderse de la defensa que le ha permitido seguir habiendo ocurrido lo que ocurrió, lo cual trae consigo angustias primarias, de aniquilación o de desintegración.

Por ello es importante respetar esos ritmos y soportar las pruebas que nos hacen para saber si lo toleraremos, es decir, si les sostendremos. Tenemos que considerar que el antecedente fracasó, y que por que fue así, no sólo el paciente está aquí hoy, sino que también lo hace con los recursos, con las defensas, que él mismo encontró ante tal escenario.

¿Cuáles son las consecuencias y sus incidencias en la clínica?

El reparo, la duda, la resistencia. Las pruebas al analista son necesarias, uno, como analista, no solo no las debe interpretar, sino que además de identificarlas las ha de aprobar. La interpretación, en caso de hacerse, supone una prueba para quien se dirige (paciente). En este caso es el paciente quien las ha de poner, ya que ha sido él quien se ha visto en riesgo, vulnerado. Será, pues, lógico que nosotros, como psicoanalistas, estemos dispuestos a dicho examen. Uno que evidencia tanto el antecedente como el contexto actual. Cómo, sin esto, podríamos avanzar...

En muchos casos el paciente necesita la incondicionalidad del analista, de aquí que **la transferencia** se muestre de forma dramática. El análisis debe ofrecer la oportunidad, desde un marco seguro, confiable y estable, de re-experimentar las angustias primarias y las vivencias traumáticas sin demasiado riesgo y con la esperanza de poder elaborarlas. El análisis, como decía mi profesor ROBERTO HARARI, es una apuesta. Una en donde no se tiene la seguridad de ganar, pero si no se hace, si se tiene la de perder.

¿Estas pautas aplican a todos los casos?

WINNICOTT distinguía a los pacientes en tres grupos, cada uno requería del terapeuta distintos abordajes:

1. Los Neuróticos.
2. Los Depresivos.
3. Y Los Trastornos de origen temprano por fallas en el sostenimiento.

Para los **Neuróticos** que sufren de conflictos intrapsíquicos y que manifiestan sus problemáticas en las relaciones interpersonales decía que podemos trabajar con la técnica clásica.

Para los **Depresivos**, quienes padecen de las consecuencias de la separación en la relación temprana, aunque tienen ya un Yo estructurado, hemos de trabajar con los aspectos más agresivos, con esas pruebas y sobrevivencias.

Y finalmente, con los **pacientes que han tenido fallas y carencias en la fase del sostenimiento**, o Holding, hemos de trabajar a partir de una necesaria continuidad dentro de un marco que provea y cualifique los elementos más básicos.

¿Con qué contamos para dichas empresas?

Además, claro está, de nuestro propio análisis, de nuestra propia formación, del establecimiento de un encuadre sostenedor, contamos con un elemento fundamental: La Transferencia y la Contratransferencia.

Me permito volver e insistir en las repercusiones de la Transferencia.

Para **FREUD**, en un muy breve acercamiento, es:

“La denominada transferencia intrapsíquica”.

Definición de 1900, puntualmente en el *Capítulo VII de la interpretación de los sueños.*

Una “reedición de impulsos y fantasías del pasado relacionados, en el presente con la figura del médico.”

1901. *Fragmentos del análisis de un caso de histeria.*

Unos “clichés que se repiten a lo largo de toda la vida.”

1912 en *La dinámica de la transferencia.*

“La transferencia como repetición de los impulsos instintivos en lugar de que sean recordados”.

En 1914. *Recuerdo, repetición y elaboración.*

“La transferencia como manifestación del eterno retorno de lo mismo, a raíz de la existencia de un principio que va más allá del principio del placer; esto es, de la compulsión a la repetición u obsesión repetitiva.”

1920. *Más allá del principio del placer.*

Muy brevemente, también, para **LACAN** la Transferencia es:

“La puesta en acto de la realidad del inconsciente.”

Lacan seminario 11 clase 11: 22 de abril de 1964.

“La transferencia no propicia la íntersubjetividad, es más la refuta”.

Lacan, proposición del 9 de octubre de 1969.

Haciendo una síntesis apresurada encontramos que la Transferencia implica:

* La transferencia es en sí misma una **repetición**.
* La repetición es la transferencia del **pretérito olvidado**.
* La transferencia no toma únicamente como blanco la figura del analista: se **extiende** a todos los demás sectores de la situación presente y a lo largo de la vida.
* La repetición está fuertemente relacionada con la **resistencia**: el individuo repite para no recordar.
* Durante el tratamiento psicoanalítico, ocurre la **sustitución** de una neurosis común por una de transferencia.
* Los contenidos que se repiten son todos aquellos que forman parte de la **personalidad del analizado**.

¿Para qué nos sirve tener esto en cuenta al decir de WINNICOTT?

Para saber el modo, la manera, en la cual el paciente se relaciona con sus objetos subjetivos.

La Transferencia para WINNICOTT equivale a un fenómeno transicional, es el modo en el que el paciente se permitirá un uso, un uso al haber, al hallar, un objeto. El objeto aquí somos nosotros, los analistas.

Si bien el espacio transicional se ubica entre la realidad interna y la realidad externa, el psicoanálisis es un fenómeno transicional por excelencia ya que interactúa mostrando esa realidad externa con la puesta en contacto con la realidad interna. Es, pues, a partir de aquí que el análisis, como fenómeno, se propicie a partir de un espacio y que éste incluya un objeto. ¿Cuál? El analista. El analista se ofrece como objeto transicional ya que es subjetivo y objetivo a la vez. Subjetivo, dejándose usar, aceptando y tolerando su agresión, siendo quien acepta y lidia con sus transferencias; y objetivo, también, al devolverle, desde la realidad exterior, sus sentidos, sus miedos, sus defensas, sus identificaciones y repeticiones.

De aquí la importancia de dejarse Usar.
Usar a partir de dos cosas:
1. habiéndose establecido una relación y **2.** habiendo, antes, hecho una primera incorporación, una primera posesión: ese espacio. Es el espacio, el lugar y la disposición, lo que genera que la relación avance; y avanza, a partir de encontrar los medios.

¿Cuáles son esos medios?

Madre=Medio
Medio=Madre
Medio=Analista

La primera relación madre-hijo es, ahora, equivalente a la relación analista-paciente dado el modo como se presenta la transferencia durante la regresión, es decir, considerando la dependencia.

RESUMIENDO:

El fenómeno tiene que ver con el proceso que mencionábamos antes.
El espacio con ese encuadre que permite un marco, una referencia, un No-Yo.
Y el objeto con el analista, es decir, un medio.

A partir de aquí hemos de considerar el tipo de Transferencia. WINNICOTT propone dos:

1. La que proviene de las estructuras neuróticas y que remite a las relaciones objetales infantiles.

2. Y la que surge de las estructuras más primarias y que precisa de un ambiente sostenedor.

Debemos, siempre, tener presente que estas transferencias pueden coexistir y que por ende se trata de tipos o partes del Yo. En la técnica, que es la parte que estamos revisando, debemos considerar a qué parte nos estamos refiriendo o dirigiendo. Recordemos los desenlaces del Yo: integrado, escindido o fragmentado. Son a esas partes y, sobre todo, desde esas partes que el paciente transfiere. Habrá, pues, transferencias más neuróticas, edípicas y otras más del orden de la contención, sostén y cuidado.

¿Qué las distingue? ¿Cómo las podemos identificar?

La Transferencia Neurótica se caracteriza principalmente por oscilar, es decir, por la duda, no saber si hacer o dejar de hacer, si corresponde o no tal o cual cosa. Su característica fundamental es la ambivalencia. Las transferencias más primitivas incluyen mecanismos más primarios: la escisión, la proyección, la persecución, la desintegración. Su característica mas fundamental es la ambigüedad. En la primera, al tratarse de la ambivalencia, el problema oscila entre una u otra cosa, pero esas cosas se saben, se conocen, es decir, pueden usarse. En la segunda, al tratarse de la ambigüedad, el tema justamente versa en No saber, es decir, en no tener o contar con esa referencia. Aquí, en este tipo de transferencia, no hay Posesión.

WINNICOTT sostiene que en cada paciente se debe realizar el análisis de ambos tipos de transferencia. Cada una depende de un momento particular dentro del proceso analítico.

¿Con qué contamos para su detección?

Con la Contratransferencia

Siguiendo la lectura de los postulados de WINNICOTT encontramos tres categorías que engloban al uso de esta particular herramienta.

1. En primer lugar, las relaciones e identificaciones fijas y reprimidas en el analista, con sus conflictos inconscientes no elaborados. Este tipo de contratransferencia **re refiere a los aspectos neuróticos no trabajados y a los aspectos reprimidos del analista que afectan a su profesionalidad e interfieren en el proceso terapéutico**.

2. En segundo lugar, podemos identificar una contratransferencia positiva, hecha de identificaciones y tendencias personales del analista en tanto y en cuanto su capacidad de ayudar. WINNICOTT las condensa en lo que él llama ***"actitud profesional del analista"***.

La actitud profesional del analista implica que éste se encuentre en un momento estable y confiable en el cual pueda realizar su trabajo con profesionalidad y tranquilidad. El analista aquí hace lo que se espera de su función terapéutica sin reaccionar a la transferencia del paciente, ello no implica permanecer neutral, es decir, sin participar en el conflicto.

El analista debe permanecer vulnerable, y para ello es necesario que no se muestre rígido, distante, inflexible o demasiado estructurado. La mal llamada "neutralidad" del analista debe ser entendida como una moderación. La moderación esta sujeta del tipo de transferencia que discurre en el particular momento dentro del proceso analítico. El analista debe estar dispuesto a conectarse, no solo con las emociones del paciente, sino también con aspectos inéditos entre ambos.[35]

3. La tercera categoría WINNICOTT la llama ***"Contratransferencia Verdadera"*** y se refiere al amor y al odio que siente el analista como reacción ante la personalidad y el comportamiento del paciente.

35 Véase al respecto la propuesta de Harold Searles: "Le contre-transfert" y L´effort pour rendre l´autre fou".

EL JUEGO

El Juego

Para WINNICOTT jugar es una experiencia que acompaña -y debería acompañar- a la vida en general. El juego es un fenómeno que está vinculado a la salud dado que responde a la creatividad, a la flexibilidad, a la originalidad desde su doble perspectiva. ¿A qué me refiero con esta doble perspectiva? Primero, habiendo hallado un lugar que le correspondía en ese medio que le circundo, es decir, el origen -o principio- que ha de darse en un ambiente "suficientemente bueno". Y segundo, original en el sentido de lo inédito, es decir, de aquella apertura que posibilita nuevos encuentros.

El Psicoanálisis, desde y para, corresponde -y debe corresponder- con ambas connotaciones.

Me explico. **Desde** la utilización de ese ambiente sostenedor que mencionábamos a partir de un encuadre que continua, es decir, que se mantiene. **Y para**, en el sentido que promueve un diálogo entre lo interno y lo externo, generando así nuevos sentidos.

El analista ha de prestar especial atención a esta capacidad en los pacientes: si la hay, cómo se afronta, qué lugar tiene, etc. No debemos dar, nunca, por sentada dicha habilidad. Considerar posibles obstáculos, barreras o defensas e inhibiciones, hará que el espacio se muestre más dispuesto.

¿Cuál es el objetivo de jugar, de poder jugar dentro del tratamiento?

El juego, dentro del análisis, tiene el objetivo de crear un objeto nuevo. Un objeto creado y encontrado por ambos participantes: el paciente y el analista. Será a partir de dicha creación, desde la relación, y del encuentro constante, desde la manutención del encuadre y sus constantes, que podrá usarse.

Es responsabilidad del analista la implementación de un encuadre que permita el juego. Esto incluye la libertad corporal, la aceptación de todos los modos no verbales de comunicación (gestos, posicionamientos, atuendos, acercamientos, distancias, procesos auto calmantes, etc.) Será a partir de aquí que las defensas puedan relajarse, es decir, cuando no exista una necesaria coherencia.

¿El juego y poder jugar es lo mismo?

WINNICOTT establece una diferencia entre el juego y la función del juego. Incluso se refiere a KLEIN aludiendo al énfasis que ella ponía en el uso de este método para poder obtener información respecto del paciente y sus conflictos. WINNICOTT no niega este valor (el método), empero agrega otro, uno previo y que apunta a la capacidad para hacerlo; es decir, preguntándose de qué dependería poder hacerlo (jugar), más allá de poder sacar un provecho al hacerlo.

Jugar implica que se hayan dado unas condiciones, WINNICOTT apunta -y apuesta- por estas condiciones dentro del proceso terapéutico. De hecho, diferencia "el juego", como sustantivo, es decir, con una existencia real e independiente, del verbo: "jugar", lo cual implica ya una transición, un objetivo, un para que...[35]

¿De qué depende esta distinción?

Jugar depende del desenlace de la etapa de espacios, objetos y fenómenos transicionales. En síntesis, del sentido, a partir del valor y el uso que haya tenido dicho objeto para el sujeto (bebé, adulto o paciente). El objeto aquí debe entenderse como el medio (los recursos) que han podido encontrarse para lidiar y transitar con uno u otro contexto.

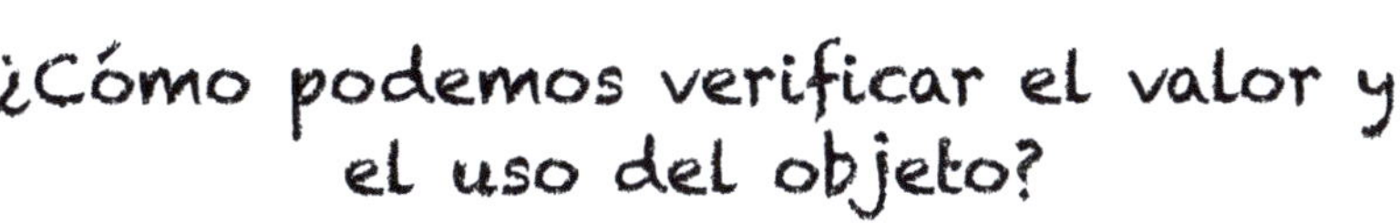

¿Cómo podemos verificar el valor y el uso del objeto?

El valor corresponde a la ilusión y el uso a la posesión.

Si el juego se interrumpe, o la asociación de ideas lo hace, se debe a la operación e irrupción de una defensa, es decir, a la sensación de vulnerabilidad y el riesgo que supone para el individuo la situación actual o presente. Aquí ya no hay juego, empieza el conflicto. Un conflicto que podemos identificar gracias a la defensa, a su aparición. Una aparición que pretende resguardar (defender) algo. ¿Qué? lo que se posee o piensa que se hace. Esta diferencia alude a ese intercambio entre lo interno (subjetivo) y lo externo (objetivo), es decir, si hay acuerdo o no. De aquí la importancia de hacer esta detección. ¿Cuál? cuando se juega, cuando puede hacerse, y cuando no, cuando hay conflicto o excitación.

Para que nuestra intervención resulte eficaz el paciente debe sentirse, ser y saberse, capaz de jugar. Es pues que antes de hacerla debemos propiciar tremenda empresa. El cómo lo hemos revisado ya. Si intervenimos sin considerar estos tiempos produciremos confusión o imposición. Ambas harán que nuestra intervención, desde lo externo, resulte ajena. ¿El resultado? Un rechazo, un apartamiento. ¿No sería, justamente, eso lo que pudo ocurrir antes? Me refiero a un medio que no podía, o pudo, los tres básicos: *Holding, Handling* y Presentación del Objeto...

35 En ingles, la diferencia es incluso a nivel conceptual. Winnicott usa dos términos: Game y Play.

Si nosotros intervenimos fuera de lugar o tiempo ocurre igual. Nuestras intervenciones han de darse en un juego compartido. **La interpretación es equivalente a un objeto creado y encontrado a la vez.** Esto implica un modo creativo, flexible y abierto, dejando lugar a los aportes del paciente. El analista debe intervenir de tal modo que el paciente pueda corregir, añadir, cuestionar o discrepar de dicha intervención. De ello depende que la resistencia ceda o se amplíe. Cede si es lo suficientemente elaborable y se amplía si no hay medios para tramitarla.

¿De qué dependa de que ceda?

Del lazo, es decir, del vínculo, de cuánto se comparte, de cuánto se espera.

La espera aquí debe entenderse desde su doble vertiente. Una espera relacionada con la expectativa puesta en el otro, es decir, que del otro se depende en una relación asimétrica. Y una espera como un respeto, como un tiempo que ha de ser provisto por el otro para un primero.

¿De qué depende que se amplíe?

Pues de no darse ese lazo, de no propiciarse ese vínculo, de no respetar esa espera.

Debemos tener muy en cuenta que nuestras intervenciones son indispensables y lo son por dos motivos:

1. Porque al intervenir, al hablar, nos mantenemos por fuera de los fenómenos subjetivos. Al hacerlo desde el exterior, desde el No-Yo del paciente, responde a otra cualidad.

2. Al hacerlo así, desde otra perspectiva que difiere de la interna, moviliza la concepción del paciente, su posicionamiento, el sentido que aparentemente ha de mantener desde la defensa.

¿Por qué es importante tener presente estos dos motivos?

Porque WINNICOTT piensa que en gran medida las comunicaciones de los pacientes responden a contenidos disociados del *Self* y que, por ende, la intervención de parte del analista debe comprender a la persona total. Cuando el terapeuta puede devolver una información que ha provenido de una parte del paciente, y lo hace, de manera integral, es decir, entendiendo su lógica y evidenciando sus consecuencias, el otro -el paciente- puede hacerla suya, incorporarla, introyectarla y, tal vez, luego, usarla... Si esto ocurre así, el paciente deja de disociar, se permite un enlace, ese puente necesario entre lo interno y lo externo. Es, precisamente, este nuestro objetivo.

¿Y de qué depende poder intervenir así?

Nada menos que de la capacidad de juego del analista. Esta modalidad implica que el profesional sea capaz de exponerse, de tolerar, de sostener, de crear, de renunciar a lógicas y estigmas, a esa necesaria "teorización flotante" que nos propone PIERA AULAGNIER. Se debe dar lugar al paciente, a que éste sea el verdadero protagonista, aceptando y promoviendo que el hallazgo parte de él. Aceptando que uno se encuentra, y sobre todo que ha de moverse, en el terreno del otro, del paciente. Permitiendo y consintiendo esos tiempos, esos ritmos. Otorgando esa disposición. En síntesis, sabiendo que uno juega de visitante, el local es -siempre- el paciente.

Finalmente, a través del juego, de esa experiencia segura, con una presencia continua y respetuosa, en donde se confía y estima, surgen las capacidades de uso, del uso del objeto, de ubicarse en su lugar, de distinguir las posiciones, de respetarlas, de compartirlas, de asumirlas, de invertirlas, de poder estar solo, de hacerlo en compañía del otro, de crear, de crecer. En síntesis, de poder cambiar.

¿Habría alguna manera, dentro de la técnica, para propiciar este juego?

El Squiggle...

El garabato (*Squiggle*) pretende dar cabida a la fantasía y, a partir de ella, al conflicto del paciente. **Se trata de poder transitar desde lo abstracto a lo concreto.** Lo abstracto, aquí, se refiere a lo informe, amorfo, desintegrado. Será, pues, a partir de lo concreto, de lo definido, de lo que obtendremos forma y sentido; uno que resulte asequible, asumible, transitable. Este sentido inaugura, y por ende, abre una posibilidad.

¿De qué depende?
¿De dónde surge?

Una vez más de lo transicional, es decir, de posibilitar ese espacio.

Como sabemos ya, este campo transicional tiene su base en el pasaje entre el Principio del Placer y el Principio de Realidad. Alude y pretende un tránsito entre la dependencia absoluta y la dependencia relativa. Para ello se ha de lidiar con nada menos que el proceso de Desilusión, la cual implica la aceptación de dicha realidad, la externa.

La manutención y constancia de la fantasía y de la ilusión hacen posible dicho pasaje.

¿Por qué es importante tener presente esto?

Porque la ilusión y la fantasía tienen que ver con abstracto.

¿Y qué tiene que ver lo abstracto con el garabato?

En que uno y otro tienen que ver con lo por-venir. Es decir, con algo desconocido que se ubica en un futuro, en un provenir que esta por suceder. Es precisamente este suceder el que nos interesa, ya que para que suceda aquello que le resulta digerible al paciente, éste, depende de nuestro proceder, del desempeño y función que le damos a sus significantes. Unos que evidentemente surgen de él y que hemos de acoger (recibir), contener (proteger) y tramitar para luego devolver. Como vemos se trata de un proceso, de una interacción, una que surge desde algo desconocido, por descubrir; de un porvenir. Un porvenir que ha de respetarse y no bloquearse o anticiparse.

Un genial ejemplo nos lo da ANTOINE DE SAINT-EXUPÉRY. En el Principito dice:

> “Cuando tenía 6 años ví una vez una magnifica imagen, en un libro sobre la selva Virgen que se llamaba "Historias Vividas". Representaba una serpiente boa comiéndose una presa. He aquí la copia del dibujo.

Se decía en el libro: "Las serpientes boas comen su presa completamente entera, sin masticarla. Enseguida ya no pueden moverse más y duermen durante seis meses, lo que dura su digestión.

Reflexioné mucho, entonces, sobre las aventuras de la selva y a mi vez, logré, con un lápiz a color, trazar mi primer dibujo. Mi dibujo número 1 era de esta manera:

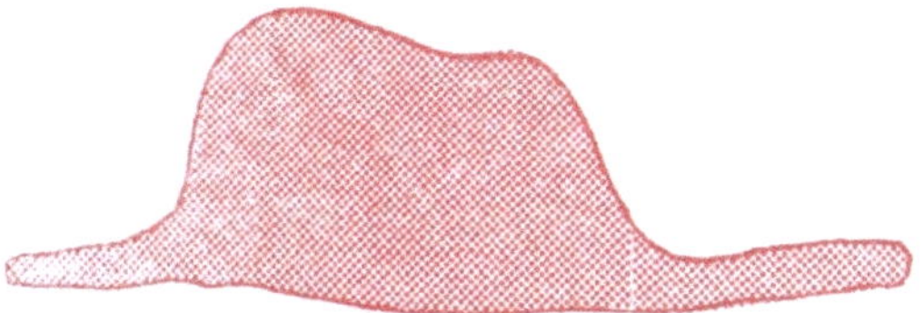

Mostré mi obra de arte a las personas mayores y les pregunté si mi dibujo no les causaba miedo.

“¿Por qué un sombrero ha de causarnos miedo?” me respondieron.

Mi dibujo no representaba un sombrero, representaba una serpiente boa que digería un elefante. Dibujé entonces, el interior de la serpiente boa, con el fin de que las personas mayores pudieran comprender. Ellas siempre tienen la necesidad de explicaciones. Mi dibujo número 2 era de esta manera:

Las personas mayores me aconsejaron de abandonar los dibujos de serpientes boas, ya sean abiertas o cerradas y de mejor poner interés en la geografía, en la historia, en el cálculo y en la gramática. Es así como abandoné, a los seis años, una magnífica carrera de pintor. Había quedado desilusionado por el fracaso de mi dibujo número 1 y de mi dibujo número 2. Las personas mayores jamás comprenden nada por sí solas, y es fastidioso, para los niños, tener que darles explicaciones una y otra vez.

“Tuve entonces, que escoger otro oficio y aprendí a pilotear aviones. He volado un poco por todos lados del mundo. Y la geografía, precisamente me sirvió mucho. Sabía reconocer, a primera vista, la China de Arizona. Es muy útil esto, sobre todo si se pierde uno durante la noche.”

Es justamente a esa apertura, a esa abstracción, a la que intento referirme y subrayar cuando hemos de considerar la trascendencia de la ilusión y la fantasía. Ya no solo como aquello que posibilita el acceso al Principio de Realidad, sino, y, sobre todo, porque es, y será esto, lo que le da sentido.

¿A qué me refiero? ¿Dónde y cómo ocurre?

El bebé hace un gesto, la madre agrega otro, el bebé lo encuentra y con ello se encuentra. Es pues que experimenta, en dicho encuentro, algo fundacional, algo inédito, original y creativo. Son, como vemos, a estos tiempos, a estos ritmos, a los que nos debemos como Psicoanalistas. ¿Dónde operan? En el juego, es ese espacio. Puntualmente en la apertura que este promueve, impulsa y desarrolla...

¿Dónde?

En esa
Ida y Vuelta...
Apertura-cierre...
Genero-obtengo...
Informe-Forma...

Nótese que la **Y** y el **guion** hacen una distinción, tienen una función a partir de un espacio. Esa Y y ese guion en el juego es el otro, en el caso de un tratamiento somos nosotros. Los analistas-madres que agregan un gesto al gesto inicial del bebé-paciente. Pero que en cualquier caso serán ellos quienes tengan la última palabra. Si nos anticipamos bloqueamos, inhibimos, censuramos, apartamos una habilidad. ¿Cuál? Crear, saberse en condiciones de hacerlo.

Esa creación deberá ser la consecuencia de esa ida y vuelta; de esa entrega y esa devolución; de ese gesto y de esa sintonía; de esa ilusión por un porvenir que está siendo, ocurriendo, creándose, ahí mismo en un espacio de juego, en un espacio intermedio, entre dos.

El juego y el garabato resultan de antemano satisfactorios por lo que en ellos se encuentra. ¿Qué es? La creación.

Una creación que responde, ya no solo a un objeto encontrado, sino a una habilidad en potencia. El bebé, como el paciente, descubre su habilidad de crear, se descubre como descubridor.

¿Qué impacto tiene esto en la clínica?

¿En dónde vemos sus consecuencias?

En la integración

En el juego están presentes elementos escindidos, reprimidos y defensivos del Self, que, al expresarse de manera abstracta, podrán identificarse, reconocerse y por consecuencia integrarse; haciendo del Yo una instancia más consolidada, más concreta y no ya fragmentada (disuelta o separada). El espacio analítico debe proveer las condiciones necesarias para generar dicha completud, dicha integración.

Para terminar este capítulo, veamos qué dice WINNICOTT al respecto del individuo sano.

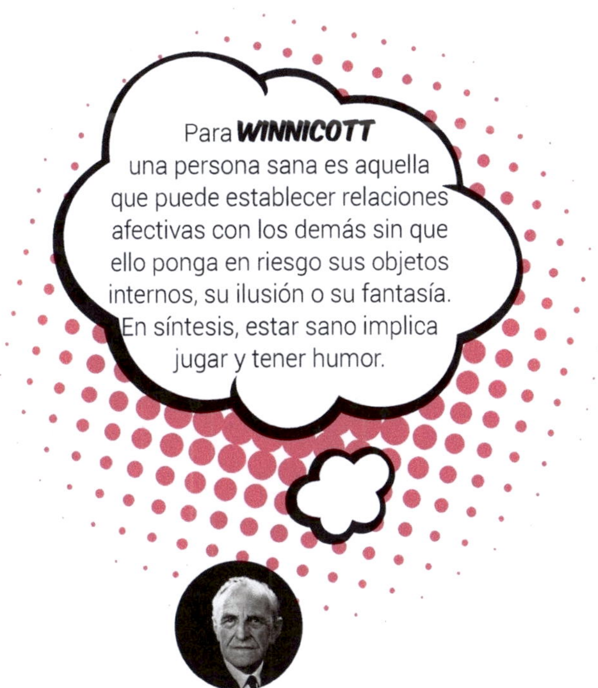

OOPS!

8
ANNA FREUD

ANNA FREUD

* ANNA FREUD fue la hija menor de Sigmund FREUD y Martha Bernays.
* Nació el 3 de diciembre de 1895 en Viena y murió el 8 de octubre de 1982 en Londres.
* Fue muy cercana a su padre, pero no a su madre. El rol maternal fue ocupado por su niñera Josephine Cihlarz, quien era católica y estuvo con la familia Freud desde el nacimiento de Anna y hasta que ella finalizo el primer año de primaria.
* Anna se graduó como maestra en 1914.
* Ejerció como maestra de escuela primaria desde 1917 hasta 1920.
* Se analizó con su padre entre 1918 y 1922.
* En 1923 comenzó su práctica clínica en psicoanálisis con niños. Centrándose en el periodo de latencia y de adolescencia.
* Desde 1925 y hasta 1934 fue secretaria de la API.
* En 1935 fue directora del Viena Psychoanalytic Training Institute.
* En 1936 publicó su contribución más importante: "EL yo y los mecanismos de defensa". Trabajo que le valió la fundación de la psicología del Yo.
* Su trabajo en Viena finalizó con la invasión Nazi el 14 de marzo de 1938. Fue ella misma, junto con algunos amigos de su padre (Marie Bonaparte y Ernest Jones, principalmente) quienes organizaron la salida de Freud de Viena. A partir de ahí y hasta su muerte, en 1939 fue ella quien su ocupó de Freud.
* En 1941 estableció la Hampstead War Nursery para niños víctimas de la guerra.
* Finalizada la guerra, Anna fundó un orfanato para los supervivientes de los campos de concentración del cual derivaría la Hampstead Clinic Therapy Course en 1947.
* Centrándose en la investigación, la observación y el tratamiento con niños estableció un grupo de trabajo con Erik Erikson, Edith Jacobson y Margaret Mahler.

* La competencia más fuerte entre ella y Melanie Klein se da entre 1942 y 1944 amenazando, incluso, con dividir la sociedad inglesa. De ello surgió el "middle group" entre los cuales se encontraban Winnicott, Bowlby, Fairbairn, Balint, entre otros.

* Anna Freud centra su trabajo en la investigación del Yo, su crecimiento y en los problemas de adaptación. Fue así como trabajó con Heinz Hartmann, uno de los fundadores de la psicología del Yo. Empero, luego, Anna se distanció de la psicología del yo y basó su práctica en la teoría estructural de Freud.

* Cuando Anna Freud murió la Hampstead Therapy Clinic cambió su nombre al de "Anna Freud Center" y su casa en el número 20 de Maresfield Gardens se convirtió en el museo Freud.

Como vemos muy tranquilita no fue. Hemos de darle cierto mérito. Vamos pues a su teoría...

Las contribuciones principales de Anna Freud a la teoría psicoanalítica son:

1. Los mecanismos de defensa (1936).
2. Las líneas de desarrollo para un perfil diagnóstico y la evaluación del niño (1962).
3. Una técnica para el análisis del niño (1965).

En su libro "EL Yo y los Mecanismos de Defensa" expone cómo el Yo está conectado con el Ello, el Superyó y con el Mundo Externo. El Ello es equivalente al Instinto y podemos acceder a él a través de los derivados del Icc, Prcc y Cc.

La función del Yo es:

Primero de **Observación** y luego de **Relación**.

¿Con quién?

- Con el Ello
- Con el Superyó y
- Con el mundo externo

EL Yo debe ser el mejor político.

El Ello está regido por el P. Placer, es decir por el proceso primario. Aquí la energía esta libre. La condensación y el desplazamiento es lo común.
El Ello es atemporal y en él la contradicción no existe.

El Yo, en cambio, está dominado por el P. de Realidad, donde el proceso secundario impera. Aquí la energía está ligada (hay registro, posibilidad de acción específica, origen de la representación).

¿Cómo, entonces, acceder al Icc?

- A partir de los sueños
- De la Asociación Libre
- De los Lapsus
- Actos Fallidos
- De los Síntomas
- De la Transferencia y de sus Defensas

Como he dicho estas son las vías, no se trata del Icc, sino de posibles accesos.

¿Y cómo fomentamos, propiciamos, esos accesos?

Según ANNA FREUD a partir de **las defensas.**
Es decir, de su identificación y ubicación. Cuál es la defensa y para qué sirve, qué intención tiene.

El análisis de las defensas en Psicoanálisis (y esta es la motivación de Anna Freud al escribir su texto sobre los mecanismos de defensa) es trascendental porque este tipo de análisis resulta liberador de los elementos reprimidos del Ello, cuya represión lleva a los síntomas.

¿Y quién reprime?

Evidentemente el Ello no, es el Yo en su intento de concordia.

¿Cuál es el coste?

La Defensa, es decir, el bloqueo.

¿Cómo aligerar la defensa, evitar el bloqueo?

Identificando qué quiere el Ello y que el Yo no acepta.
Aquí toda la teoría de las Neurosis nos da mucha información: Me refiero a las fases Psicosexuales, al complejo de Edipo y evidentemente a los mecanismos del yo para lidiar entre las exigencias del Ello y del Superyó.

Hasta aquí tenemos tres elementos:

1. Proceso Primario (del Ello)
2. Proceso Secundario (del Yo)
3. Proceso terapéutico (del Análisis, en tanto identificación y uso de los contenidos transferenciales).

Evidentemente nosotros empezamos e incidimos en el tercero. Y ya que hablamos de Transferencia.

¿Qué es, qué la define, cómo se explica?

La Transferencia es:

SEGÚN FREUD:

En 1900 (Capítulo VII de la interpretación de los sueños) se refiere a ésta como "la denominada transferencia ***intrapsíquica***";

En 1901 (***Fragmentos del análisis de un caso de histeria***) dice que la transferencia es una "reedición de impulsos y fantasías del pasado relacionados, en el presente con la figura del médico."

En 1912 (***La dinámica de la transferencia***) define a "la transferencia como clichés que se repiten a lo largo de toda la vida".

En 1914 (***Recuerdo, repetición y elaboración***) agrega: "la transferencia como repetición de los impulsos instintivos en lugar de que sean recordados".

Y en 1920 (***Más allá del principio del placer***) define a "la transferencia como manifestación del eterno retorno de lo mismo, a raíz de la existencia de un principio que va más allá del principio del placer; esto es, de la compulsión a la repetición u obsesión repetitiva."

SEGÚN LACAN:

"La transferencia es la puesta en acto de la realidad del inconsciente." (LACAN sem 11 clase 11: 22 de abril de 1964).

Lacan dice en la proposición del 9 de octubre de 1969: "La transferencia no propicia la ***íntersubjetividad, es más la refuta***".

Haciendo una síntesis encontramos que para FREUD la Transferencia es:

1. La transferencia es en sí misma una repetición.
2. La repetición es la transferencia del pretérito olvidado.
3. La transferencia no toma únicamente como blanco la figura del analista: se extiende a todos los demás sectores de la situación presente y a lo largo de la vida.
4. La repetición está fuertemente relacionada con la resistencia: el individuo repite para no recordar.
5. Durante el tratamiento psicoanalítico, ocurre la sustitución de una neurosis común por una de transferencia.
6. Los contenidos que se repiten son todos aquellos que forman parte de la personalidad del analizado.

¿De qué nos sirve tener esto en cuenta, conocerlo, manejarlo?

Para identificar la Intención, el Deseo que se oculta bajo la Transferencia.

¿Para qué?

Para hacerla Consciente.

Volvamos con FREUD...

Así pues, desde 1900 en donde "vemos, entonces que la representación inconsciente es absolutamente incapaz, como tal, de llegar a lo preconsciente. Lo único que puede hacer es exteriorizar en él un efecto, enlazándose con una representación preconsciente no censurable, a la que **se transfiere** su intensidad y detrás de la cual se oculta. Este hecho -es-, al que damos el nombre de transferencia" ... De aquí su trascendencia.

"...La transferencia -además- puede dejar intacta la representación procedente de lo preconsciente, la cual alcanza entonces una gran intensidad inmerecida (representación anodina o significante anodino como función del analista), o puede imponerle una modificación paralela al contenido de la representación inconsciente." Por ello debemos servirnos de ella y concentrarnos en ella. Es una herramienta CLAVE.

¿Y por qué insisto en ello desde el mimo FREUD?

Porque ANNA veía, justamente ahí, el objetivo de las defensas. Actuando contra el instinto y también contra el afecto. La primera tarea que tenemos es aceptar y lidiar con esos afectos.

Los afectos de amor, dolor, celos, mortificación, duelo acompañan, siempre, los deseos sexuales (libidinales). Los afectos de odio, rabia, furia, envidia acompañan, siempre, los impulsos de agresión. En la **transferencia**, el Yo desarrolla resistencias para detener la emergencia del instinto; ya sea libidinal (erótico) o agresivo (tanático). Es pues, de aquí, de todo esto, su nodal importancia.

Sigo con FREUD para ahondar en el tema y destacar sus influencias en la clínica. En 1901 *(Fragmentos del análisis de un caso de histeria)* amplia el concepto y lo relaciona directamente con la persona del analista. Se pregunta ¿Qué son transferencias? Al respecto dice: “El tratamiento psicoanalítico no crea la transferencia; se limita a descubrirla como descubre otras tantas cosas ocultas en la vida psíquica”. Aquí reafirma que la transferencia se opone al progreso del tratamiento. Dice: “La transferencia, destinada a ser el mayor obstáculo del psicoanálisis, se convierte en su más poderoso auxiliar cuando el médico consigue adivinarla y traducírsela al enfermo.” Ya en 1912 en “La dinámica de la transferencia” Agrega: “De este modo, la transferencia que surge en la cura analítica se nos muestra siempre, al principio, como el arma más poderosa de la resistencia".

¿Y qué es la resistencia? ¿Cómo se relaciona con la transferencia?

La Resistencia, dice LAPLANCHE y PONTALIS, "es todo aquello que, en los actos y palabras del analizado, se opone al acceso de éste a su inconsciente". La resistencia, agregan, se descubrió como obstáculo al esclarecimiento de los síntomas y a la progresión de la cura. Se resiste, se defiende. El tema es saber ¿De qué?

Ya llegaremos, por ahora importa subrayar ese énfasis de ANNA en las Defensas. En los mecanismos de defensa...

Vuelvo con FREUD.

En 1914 (Recuerdo, repetición y elaboración) reafirma que la finalidad del tratamiento psicoanalítico continúa siendo el mismo de siempre: "descriptivamente, la supresión de las lagunas del recuerdo; dinámicamente, el vencimiento de las resistencias". Es decir, la identificación de las transferencias. "El analizado -dice FREUD- no recuerda nada de lo olvidado o reprimido, sino que lo vive de nuevo. No lo reproduce como recuerdo, sino como acto (Agieren); lo repite sin saber, naturalmente, que lo repite." Entonces, como diría LACAN, "La transferencia es la puesta en acto de la realidad –sexual- del inconsciente." (LACAN seminario 11 clase 11: 22 de abril de 1964).

"Cuanto más intensa es ésta -la transferencia-, más ampliamente quedará sustituido el recuerdo por la acción (repetición)".

Como vemos, la transferencia y la resistencia van de la mano. Empero no debemos olvidar que las transferencias no son exclusivas del tratamiento analítico. Están ahí donde se actúa.

¿Qué quiero decir con esto?

Que vuelve, que se repite y ¿quién mejor que Freud para hablarnos de la repetición? Vamos allá...

En 1920 (*Más allá del principio del placer*). En el capítulo III, dedicado al estudio de la neurosis de transferencia y de la neurosis de destino desde la perspectiva de la compulsión a la repetición y el principio del placer, señala que **la repetición en transferencia se debe a una tendencia del Ello y no del Yo**, el cual, al contrario, trata de oponerse a esta obsesión repetitiva.

Yo, Ello, Resistencias, Transferencias...

¿Qué tiene todo esto que ver con ANNA FREUD y su teoría?

Pues nada menos que con la formación de Síntomas.

¿Qué es un síntoma?

Antes de entrar aquí, me gustaría agregar un cabo más respecto de las resistencias. Como sabemos no sólo hay una. FREUD en "Inhibición, síntoma y angustia" (1926) distingue 5. Tres del Yo, una del Ello y otra del Superyó.

Del Yo:
1. Resistencia por represión.
2. Resistencia por transferencia.
3. Resistencia por el beneficio secundario de la enfermedad.
4. Del Ello, en relación con el trabajo elaborativo. Es decir, esta resistencia evita la elaboración, la asimilación, mejor repetir (P. de inercia). Y finalmente la 5ta.
5. Del Superyó, relacionado con la culpabilidad y con la necesidad de castigo.

Ahora bien. ¿Cómo estas resistencias influyen en la formación de síntomas?

Veamos, pues, qué es un síntoma...

Un síntoma es un indicio, un indicador. Los síntomas enuncian manifestaciones degradadas de la sexualidad, un placer que no puede ser sentido como tal. La parte Icc del yo rigiéndose por el P. Placer antes de sentir angustia, como síntoma, elabora inconscientemente los mecanismos de defensa. El síntoma es una forma de defensa ante la angustia. El síntoma es una formación de compromiso ante el retorno de lo reprimido. FREUD subraya que los síntomas neuróticos son el resultado de un conflicto. Las dos fuerzas separadas se encuentran de nuevo en el síntoma y se reconcilian, por decirlo de alguna manera, mediante el compromiso que representan.

¿Cuáles son esas dos fuerzas?

Representación y Afecto.

No es casual que con la palabra síntoma, FREUD, casi siempre, se refiere a las neurosis transferenciales. Ahora bien. Si tenemos 5, y 3 son del Yo, es lógico que algo tenga que ver; más aún, sabiendo y considerando que también ha de lidiar con las otras dos pues esa es su función. ¿Y qué es?

El Yo se resiste al acceso de la pulsión, específicamente al objetivo de ésta.
Componentes de la Pulsión:

1. Origen (fuente)
2. Objeto (medio)
3. Objetivo (finalidad)
4. Empuje (fuerza)

El Yo, como buen político, negocia, busca acuerdos o posibles pactos. No está dispuesto a tratar con el origen y con el objetivo, pero en cambio se muestra flexible respecto del objeto, ve en éste un aliado, una distracción (una transferencia). ¿Cómo lo hace? Desplazando a este objeto lo que le corresponde a otro (al origen y al objetivo) ¿De qué se vale? De compromisos, es decir, de síntomas.

La formación de síntomas en el niño puede producirse por el estrés y las tensiones que son inherentes al mismo desarrollo. El rol del Yo en la formación de síntomas neuróticos consiste en el uso de los mecanismos de defensa específicos cuando se enfrenta a la exigencia instintiva. ANNA FREUD afirma que hay una conexión entre una neurosis particular y los mecanismos de defensa específicos. Por ejemplo, histeria con represión, neurosis obsesiva con aislamiento y anulación. La apuesta de ANNA FREUD es que el síntoma aparece como la fijación del mecanismo defensivo en una etapa particular del desarrollo. Es decir, la fijación de la libido en las diferentes etapas del desarrollo psicosexual llevará a las defensas a organizarse respecto de ese período. Por ejemplo:

- En la histeria la defensa que prevalece es la represión y aparecen síntomas somáticos.
- En la fobia las defensas son proyección, anulación y retorno de los impulsos reprimidos.
- En la neurosis obsesiva observamos regresión, aislamiento, anulación, formación reactiva.
- En la paranoia encontramos la introyección y la proyección.

¿Cuáles son los mecanismos descritos por ANNA FREUD?

Son 10:

1. Represión
2. Regresión
3. Formación reactiva
4. Aislamiento
5. Anulación
6. Proyección
7. Introyección
8. Vuelta contra sí mismo
9. Transformación en lo contrario y
10. Sublimación, el cual agrega como un estado normal en donde deberá darse un desplazamiento del objeto instintivo.

Ya volveremos a estos mecanismos...

ANNA FREUD sugirió una clasificación cronológica, desde los mecanismos más tempranos hasta los mecanismos más maduros, como la introyección y proyección, los cuales ayudan a estructurar el Yo, hasta la represión y la sublimación, los cuales sólo se pueden desarrollar más tarde. Afirma que el Yo tiene que estar establecido para desarrollar los mecanismos de introyección y proyección. En esto difieren absolutamente con MELANIE KLEIN, quien piensa que es a través de los mecanismos de introyección y proyección que el Yo se desarrolla. No olvidemos que KLEIN niega el narcisismo primario, y, por ende, parte de la existencia de un Yo desde siempre, desde el inicio.

¿Y cuáles son las fuentes de las defensas?

ANNA establece 4 principales:

1. Presiones y temor del Superyó.
2. Temor al mundo exterior.
3. Temor a la intensidad del instinto proveniente del Ello.
4. Interacción entre el principio del placer y el principio de realidad.

¿Y cómo se manifestarían estas 4 fuentes?

En las **presiones y temor del Superyó** el instinto del ello se vive como peligroso, por ello y ante el inminente juicio del Superyó se actúa. Es el Superyó y su severidad quien prohíbe, a través del Yo, su gratificación. Sin embargo, muy tranquilo no se queda pues ha de estar alerta, atento y vigilante del Yo para que éste cumpla sus mandatos.

Veamos ahora **el temor al mundo exterior.** Este resulta un tanto más objetivo. Los niños sufren ansiedad ante un eventual castigo. Tienen miedo al saber que aquello que hacen o harían es meritorio de culpa. Hay ya, aquí, un antecedente, una relación entre el Yo y lo externo (el objeto externo).

En el **temor a la intensidad del instinto proveniente del Ello** el niño desconoce la magnitud -la intensidad- y ante esa incertidumbre bloquea. No se siente capaz, confiado, de poder contenerla, abordarla o tramitarla, es pues que frena.

Finalmente, y respecto a la **interacción entre el principio del placer y el principio de realidad** el Yo requiere armonía, pretende que haya acuerdo, paz, conciliación entre las partes, que esas fuerzas opuestas eviten un dolor secundario.

ANNA FREUD observó que la ansiedad activa el proceso defensivo. Esto es muy importante considerarlo en la clínica, pues es inevitable que, al tocar, al dirigirnos hacia la defensa, la angustia incrementará. De aquí la calma, la paciencia y el *timing* o sincronización respecto del ritmo de cada paciente. La alianza terapéutica depende en gran medida de esto. Sin olvidarnos que la defensa le mantiene -nos mantiene-, por ello tenemos que ser y actuar con cautela.

Tres cosas para subrayar:

1. El Yo trata de evitar el dolor, y las defensas son parte normal del desarrollo del Yo.

2. Los mecanismos de defensa no solo vienen desde el Yo, sino que también influyen en el proceso instintivo, de manera que también están relacionados con las propiedades del instinto.

3. El retorno de lo reprimido que lleva a la formación de compromiso (síntomas) es un fracaso de la defensa, un fracaso del Yo. Lo que nos lleva a una cuestión metapsicológica: Cuánto (lo económico), cómo (lo dinámico), para qué (lo tópico).

ANNA FREUD describe la conducta del niño como consecuencia del punto de fijación libidinal.
Por ejemplo:

- Si la fijación corresponde a la fase oral, el niño muestra voracidad, exige, se muestra egoísta, necesita apego, se muestra constantemente insatisfecho, etc.
- Si la fijación se encuentra en la fase uretral, el niño tiende a la impulsividad.
- Si la fijación es anal, el niño tiende al orden, a la puntualidad, a la excesiva limpieza, a la exactitud, evita así el contacto con los impulsos agresivos.
- La fase fálica se caracteriza por síntomas de timidez, modestia, el mecanismo más usual puede ser la formación reactiva.

Como vemos, ANNA FREUD sigue la línea de su padre pensando al Yo como un Yo corporal. El Yo, al inicio, es el cuerpo. El niño experimenta confusión con los límites del cuerpo; la distinción entre el mundo interno y el externo se basa, principalmente, en las experiencias subjetivas de placer-displacer. La niñez temprana está dominada por las necesidades del cuerpo: hambre, sueño, frio, calor, etc.

La contribución de su teoría es su continuo cuestionamiento de cómo la mente y el cuerpo interactúan juntos. El campo de la psicología aprendió de Anna Freud a entender que el mundo interno del niño está construido sobre la interacción entre la predisposición biológica y el entorno.

LA TÉCNICA DE ANNA FREUD

La Técnica de ANNA FREUD

La Técnica de ANNA FREUD puede entenderse a partir de 5 Claves:

1. Establecer una alianza.
2. Fomentar una transferencia positiva.
3. El analista como un nuevo objeto.
4. Analizar la resistencia del Yo antes que los contenidos del Ello.
5. El objetivo es transformar el material del Ello en contenido del Yo.

En principio propone una fase introductoria, en donde el objetivo es establecer una alianza con el niño. ¿Cómo? Se basó en la interpretación de los sueños, de los sueños diurnos y de los dibujos. No utiliza, a diferencia de KLEIN, el juego como un elemento de análisis, si la asociación libre. ANNA sostiene que el niño habla libremente de sus sueños y que, por consecuencia, esto los hace más fáciles de interpretación que el de los adultos.

ANNA FREUD sólo mantenía una transferencia positiva, buscaba la cooperación de los pacientes y les pedía su ayuda para la interpretación de sus sueños. Animaba al niño a hablar de sus fantasías, tanto en los sueños como con los dibujos. Si aparecía la transferencia negativa trataba, inmediatamente de disolverla (no la usa como elemento interpretativo). Para ella, el niño que empieza un análisis ve en el analista un nuevo objeto y lo trata de esa manera. Dejarse usar es clave. El terapeuta ha de asumir el ideal del Yo. Es pues éste -el analista- quien se adecua.

La tarea del analista es interpretar el material inconsciente. El fin del análisis es siempre ampliar el consciente, sin lo cual el control del yo no puede aumentarse.

ANNA analizaba la resistencia del Yo antes que el contenido del Ello. Ofrecía al analista como un objeto de transferencia. Es decir, como el medio para revivir fantasías, frustraciones, anhelos, rechazos, etc. Buscaba así aliviar la tensión, no al modo catártico (como descarga y proveniente del yo), sino con el material que emergía desde un proceso primario, pudiendo vehiculizarlo hacia uno secundario. Con lo cual transformaba material del Ello en contenido del Yo. ANNA FREUD, insiste en una diferencia; una que intenta dar un giro. Ella dice que el Psicoanálisis en sus primeros años pone el acento en el Icc, empero, a partir de los años treinta pone el énfasis en la magnitud de la función del Yo.

ANNA, sostenía que el Yo de los niños tiene la tarea de controlar tanto la orientación del mundo externo como el estado de caos emocional que existe dentro de él. Por ello dar cabida, siempre, a las verbalizaciones es muy importante. Hablar es el prerrequisito para el pensamiento en el proceso secundario. Las verbalizaciones de las percepciones del mundo externo preceden a las verbalizaciones del contenido del mundo interno; y esto, sin duda, es la condición indispensable que promueve el principio de realidad, el desarrollo del yo, el control de Yo sobre los impulsos del Ello.

Perfil diagnóstico usado por ANNA FREUD

ANNA tenía un esquema que le permitía hacer una evaluación inicial que luego se iría constatando, explorando y detallando a lo largo del tratamiento. Esta consistía en una anamnesis puntual que incluye los siguientes puntos:

1. **Historia social.** Dos entrevistas con la madre y una con el padre además de un informe de la escuela del niño.
2. **Motivo de consulta.** Aquí se deberá explorar los problemas de conducta, las ansiedades, inhibiciones u otros síntomas que el niño tiene.
3. **Impresión de los padres.** Su apariencia, información acerca de ellos, de su matrimonio o de la constitución familiar.
4. **Descripción del niño.** Qué hace en casa, en la escuela, cuando está solo, a qué juega. Esta deberá ser dicha por el niño.
5. **Historia personal del niño.** Fecha de nacimiento, situación de los padres cuando ocurrió, ocupación de los padres, educación, historial médico, primer año de vida del niño, su escolaridad.
6. **Descripción familiar.** Hermanos, si los hay, en qué orden y cómo se vivió tanto el embarazo como el nacimiento de estos.
7. **Antecedentes de los padres.** Infancia de ambos, contextos familiares de cada uno, cómo se conocieron.
8. **Circunstancias familiares presentes.** Quienes forman parte del contexto habitual del niño (abuelos, tíos, primos, niñera, etc.)
9. **Aparición del problema.** Fechas, un antes y un después. Se identifica una causa.
10. **Atenuantes del problema.** Algo lo calmó, es la primera vez que ocurre, qué pasó.
11. **Pruebas.** Test WISC. Escala Wechsler de inteligencia para niños.
12. **Informe de la escuela.** Impresiones del niño, su trabajo y conducta ahí. Actitud hacia la actividad académica, habilidades manuales, físicas, relación con compañeros, con maestros, habilidades especiales.
13. **Pruebas proyectivas.** HTP, animal.
14. **Impresión general del niño.**

Luego de tener claro lo anterior hacia un Diagnóstico y unas recomendaciones para el inicio del Tratamiento. Veía al niño 3 veces por semana y una vez a la semana a los padres.

Veamos, pues, con detalle a qué se refiere ANNA con sus **Mecanismos Defensivos.**

Habíamos dichos que son 10:

1. Represión
2. Regresión
3. Formación reactiva
4. Aislamiento
5. Anulación
6. Proyección
7. Introyección
8. Vuelta contra sí mismo
9. Transformación en lo contrario y
10. Sublimación, el cual agrega como un estado normal en donde deberá darse un desplazamiento del objeto instintivo.

Y que surgen, principalmente de **4 Motivaciones:**

1. Presiones y temor del Superyó.

2. Temor al mundo exterior.

3. Temor a la intensidad del instinto proveniente del Ello.

4. Interacción entre el principio del placer y el principio de realidad.

Vayamos, pues, a su descripción:

REPRESIÓN

Es un mecanismo por el cual el sujeto intenta rechazar, separar y mantener a distancia de la consciencia elementos disruptivos. Lo común a cada represión es la sustracción de la investidura libidinal a la representación (significante).

¿Y qué se hace con esa sustracción, dónde se queda o va dicha energía?

Existen dos tipos de represión. La primaria, que considera un esfuerzo de desalojo, es decir, de desinvestidura, especialmente cuando hay excesos en el predominio de una zona erógena y la secundaria la cual alude un segundo proceso, es decir, ubicar, canalizar ese quantum de energía. ¿Cómo? En una contrainvestidura, ¿dónde? En otra zona erógena. Es justamente a eso a lo que llamamos los diques de la sexualidad, puesto que la función de los diques es la contención, es decir, el obstáculo o barrera para la libre circulación, así, con estos diques, existen frenos. ¿Y qué pasa cuando estos fallan? Pues ocurre un tercer tiempo. Me refiero al "retorno de lo reprimido". ¿Cómo, dónde? En forma de síntomas, sueños, actos fallidos, etc.

REGRESIÓN

Se trata de un recorrido inverso. Es decir, si se ha alcanzado un punto, el objetivo es volver, regresar, hacer el camino de vuelta. Este retorno incluye, tanto a las fases psicosexuales (oral, anal, fálico, genital), como a las instancias psíquicas (Yo, Ello, Superyó. Cc, Prcc e Icc).

FORMACIÓN REACTIVA

Es la reacción defensiva opuesta ante la emergencia de un deseo reprimido. Por ejemplo, el pudor cuando el deseo reprimido tiene que ver con el exhibicionismo. La formación reactiva alude, principalmente, a un factor económico. Es la contracatexia de un elemento Cc de igual fuerza y en dirección opuesta a la catexis de un elemento Icc.

AISLAMIENTO

Mecanismo defensivo típico de la neurosis obsesiva; el cual consiste en aislar un pensamiento o un comportamiento de tal forma que se "rompan" sus conexiones. Se trata de una técnica activa y motriz que pretende impedir que el sujeto se desvía de su objeto actual (concentración, por ejemplo).

ANULACIÓN

La anulación se refiere a un proceso en el que el sujeto intenta desaparecer palabras, sucesos, ocurrencias, gestos, actos o deseos como si no hubiesen ocurrido. Para que le resulte "eficaz" le da una significación opuesta. Por ejemplo, que agradable fue la velada, cuando en realidad se aburrió. O, "no es que se trate de... pero..." La anulación parte de una represión secundaria por la cual, utilizando el pensamiento mágico, se hace desaparecer algo sucedido, en la mayoría de las ocasiones, fantaseado, deseado o realizado por el mismo sujeto. Comúnmente se dice de la anulación un síntoma en dos actos. En donde el segundo cancela al primero. También es un generador de diversos ceremoniales obsesivos. ¿Cómo? A partir del bloqueo -de la representación cosa de la pulsión- del Ello por el Superyó, el cual, recibe una investidura Prcc de la representación palabra desplazada (disfrazada) y la cual no es, ni será aceptada por el Yo.

PROYECCIÓN

Operación por medio de la cual el sujeto expulsa de sí y localiza en el otro, ya sea una persona o una cosa, cualidades, sentimientos, deseos, que no reconoce o rechaza en sí mismo. Es una defensa arcaica y recurrente en la paranoia. FREUD atribuye un papel esencial a la proyección, asociada a la introyección, en la génesis de la oposición sujeto (yo) – objeto (mundo exterior). El sujeto incorpora a su yo los objetos que se le presentan en tanto que son fuente de placer, los introyecta (según la expresión de FERENCZI) y, por otra parte, expulsa de él lo que en su propio interior es motivo de displacer: mecanismo de proyección. Tanto los mecanismos de la introyección como el de la proyección corresponden a estadios orales, particularmente del Yo Placer Purificado.

ANNA FREUD puntualiza que este mecanismo aparece en la época siguiente a la diferenciación del Yo con respecto del mundo exterior; lo cual se opone a la concepción kleniana, la cual sitúa en primer plano la dialéctica de introyección-proyección del objeto (pecho bueno y pecho malo). Será, según KLEIN, a partir de esta proyección en el pecho que podrá, luego, hacerse una entre el interior y el exterior. Finalmente debemos considerar que la proyección forma parte normal de la omnipotencia del pensamiento (en la fantasía, por ejemplo).

INTROYECCIÓN

Proceso en donde el sujeto hace pasar, en forma fantaseada, del afuera al adentro objetos y cualidades inherentes a objetos externos. Es un término que guarda una íntima relación tanto con la incorporación como con la identificación, empero, al ser primario, no implica necesariamente una referencia al límite corporal. Es un concepto creado en simetría con el de proyección por SANDOR FERENCZI en 1909. Así, dice Ferenczi, como el paranoico expulsa de su Yo las tendencias que se han vuelto displacenteras, el neurótico busca la solución haciendo entrar en su Yo la mayor parte posible del mundo exterior y convirtiéndola en objeto de fantasías inconscientes.

FREUD en las pulsiones y sus destinos (1915) dice: "El Yo Placer Purificado se forma por una introyección de todo lo que es fuente de placer y por una proyección afuera de todo lo que es motivo de displacer".

VUELTA CONTRA SÍ MISMO

Mecanismo previo a la instalación de la represión, es decir, a la posibilidad de que haya contrainvestidura. En la vuelta contra sí mismo cambia de vía el objeto, pero la meta se mantiene inalterada. Se trata de un mecanismo en oposición: yo-no yo. Es decir, de un contrario.

TRANSFORMACIÓN EN LO CONTRARIO

Proceso mediante el cual el fin de una pulsión, su objetivo, se trasforma en su contrario al pasar de la actividad a la pasividad. Una vuelta o retorno a partir de una ambivalencia (Amor-Odio).

¿Habría alguna diferencia entre la formación reactiva y la transformación en lo contrario?

Si. La formación reactiva es un mecanismo más complejo, evolucionado, en donde necesariamente se dirige al exterior, es decir, siempre hay objeto; la pulsión es, en todo caso sexual. En la trasformación en lo contrario, al tratarse de una transformación pulsional, no necesariamente hay objeto, es decir, que puede limitarse al Yo, ubicándose por consecuencia en un mecanismo autoerótico. De hecho, este mecanismo y la vuelta contra sí mismo son dos mecanismos que ANNA FREUD clasifico como los más primarios.

SUBLIMACIÓN

La sublimación es un mecanismo de mucho mayor complejidad, por ende, es bastante más evolucionado. FREUD se sirve de él para explicar ciertas actividades humanas que aparentemente no guardan relación con la sexualidad, pero que hallarían su energía en la fuerza de la pulsión sexual. El mismo FREUD explicó cómo, la sublimación, tiene caída en las actividades artísticas o en las investigaciones intelectuales. Se dice, pues, que la pulsión se sublima, en la medida en que es derivada hacia un nuevo fin, no sexual, y apunta hacia objetos socialmente valorados. La sublimación, en la química, describe el proceso que hace pasar directamente un cuerpo del estado sólido al estado gaseoso. La sublimación es capaz de desplazar su finalidad sin que por ello pierda intensidad. Al hacerlo se convierte en el único mecanismo que considera dos cambios dentro de la pulsión: el objeto (medio) y el objetivo (finalidad), no como los anteriores, en donde evidenciamos un cambio meramente en el objeto, manteniéndose los otros tres componentes de la pulsión intactos (origen o fuente, objetivo o finalidad y empuje o fuerza). La sublimación no es producto de una contrainvestidura, más bien, y al decir de FREUD, se trata de una investidura colateral.

Ahora bien, habiendo descrito cada uno de los mecanismos defensivos que propone ANNA FREUD, debemos apuntar al Yo para entender su funcionamiento.

El Yo como Objeto de Observación

El analista se enfrenta a la tarea de re-descomponer el conjunto del proceso que representa un compromiso entre las instancias: Ello, Yo y Superyó. ANNA argumenta que es el mismo FREUD, con sus trabajos de Psicología de las masas y análisis del yo (1921) y Más allá del principio del placer (1920), quien inicia una nueva orientación. Impulsando la investigación del Yo para capturar la imagen de las otras dos instancias. Ella identifica en el estudio del Yo una vía. Dice: "Lo novedoso del procedimiento descrito en los Estudios sobre la histeria radicaba en que el médico podría aprovechar esta eliminación del Yo (producto de la hipnosis) para introducirse en el inconsciente del paciente". Es decir, que ahora convendría investigar las defensas que el Yo se propone mantener para acceder a ese material Icc. La vía di porre no funciona.

¿A qué me refiero?

FREUD utilizó una metáfora de Leonardo para aludir a la técnica del psicoanálisis. Leonardo diferenciaba la técnica de la pintura (via di porre), de la técnica de la escultura (via di levare). Es, pues, que Freud señala que la técnica del psicoanálisis debe de ser la de la escultura.

La via de porre, al poner, agregar o incrustar, se distingue de la via de levare, la cual pretende ir descubriendo la forma que se esconde detrás de la coraza o piedra. En los Fundamentos de la Técnica Psicoanalítica de HORACIO ETCHEGOYEN agrega una distinción: La via di porre -en la pintura- "agrega color para modificar la imagen de la personalidad" lo cual alude a la sugestión. En psicoanálisis, en cambio, usando la via di levare, elevando las defensas, propiciamos que aparezca la verdad de la figura, el sujeto de verdad.

Durante la hipnosis, dice ANNA FREUD, el médico facilita la entrada en el yo del material inconsciente reprimido, y la imposición a la conciencia de este material reprimido brinda la solución del síntoma. Sin embargo, en dicha operación, el Yo queda excluido del proceso terapéutico y únicamente soporta al intruso (medico-terapeuta) por medio de la hipnosis, es decir mientras dure su influencia. La solución parte de involucrar al Yo, es decir, de conocer sus motivos y acuerdos.

No es en la manutención de la norma por excelencia del análisis (la asociación libre) de la que obtendremos las respuestas sino cuando ésta no se da. Es este ir y venir, con sus cortes, pausas, bloqueos, con sus interrupciones y defensas, que obtendremos las respuestas, y sobre todo las incidencias del Yo respecto de las otras 3 fuentes (Ello, Superyó y exterior).

Mediante las irrupciones del Ello, a través de actos fallidos (olvidos, lapsus), vemos cómo, la vigilancia del Yo resulta disminuida, es entonces que atisbamos el material sin defensa.

¿Cómo aprovechar ese momento?

Identificando el tipo de Transferencia.

Como sabemos, el fenómeno de la transferencia se descompone en dos. Un elemento libidinal o agresivo perteneciente al Ello y dos, un mecanismo de defensa atribuible al Yo.

Diferenciar uno y otro, a partir de ese atisbo (acto fallido) nos permitirá desvelar un material que "aparentemente" y por compromisos debía permanecer aislado, como un alguna. Así, señalándolo, interpretándolo, construyéndolo, complementamos los datos de esa historia, una que atañe al desarrollo del Yo.

Empero no creamos que tendremos vía libre para este trabajo. El Yo se empeñará (como es su función) en mantener su estatus, es pues, que pronto se convierte en un antagonista del trabajo analítico.

¿Y cómo lidiamos con este antagonismo?

Cambiando de perspectiva, es decir, del lugar desde dónde se mira. El Yo, como he dicho, ha de mantener lo que hasta ahora ha conseguido, eso le sostiene. Ha de permanecer unido, sintonizado con una causa o frecuencia. ¿Qué podemos hacer? Separar esa unión, esa sintonía. ¿Cómo? Haciéndolo Ego-Distónico.

Egosintónico es el término que se refiere a los comportamientos, valores y sentimientos que están en armonía o son aceptables para las necesidades y objetivos del Yo (Ego), los cuales son coherentes con los ideales.

Egodistónico, por el contrario, se refiere a los pensamientos, valores, sentimientos y conductas (por ejemplo, sueños, compulsiones, deseos, etc.) que están en conflicto, o que son disonantes, con las necesidades y objetivos del Yo. En síntesis, lo que entra en conflicto con los ideales o lo que ha sido establecido. [36]

ANNA FREUD dice, mientras el Yo continúe funcionando con libertad o haciendo causa común con el Ello, ejecutando sus órdenes, hay escasas posibilidades de algún desplazamiento o injerencia desde el exterior (analista y/o proceso terapéutico). Las dificultades, agrega, nos son inherentes a la técnica analítica en sí; ésta constituye un medio apropiado para traer a la consciencia tanto elementos Icc del Yo como los del Ello o del Superyó. Se trata, pues, de responder a las defensas. Por ello debemos observar al Yo. "Una de nuestras mayores ambiciones es aprender a dirigir en análisis del Yo del paciente con tanta seguridad como llevamos a cabo el análisis del Ello, aun cuando deba realizarse contra la voluntad del Yo". (Anna Freud Pp: 29-30 "El yo y los mecanismos de defensa")

¿Qué nos dice Anna y su teoría hasta aquí?

36 Egosintótico y Egodistónico vienen de las palabras inglesas "egosyntonic" y "egodystonic", respectivamente. A su vez, dichas palabras son neologismos formados a partir de la palabra latina "ego" que significa Yo, y del griego "dys" que quiere decir "dificultad", del griego "syn" cuyo significado es "con", y del griego "tono" que significa "tensión".

¿Cómo se diferenciaría de otros autores?

Nos dice que, del estudio de las asociaciones libres, de los contenidos latentes del sueño, de la traducción de los símbolos y de los contenidos de la transferencia, fantaseada o actuante, contribuye -meramente- a la exploración del Ello. Hasta aquí el análisis sigue siendo unilateral.

Sin embargo, si nos atenemos al hecho de que únicamente la imparcial combinación de ambas formas de investigación podremos beneficiarnos de un cuadro más completo de la situación interna del analizado. Si, en cambio, priorizamos uno u otra, esto sólo puede darnos un aspecto desfigurado, irreal, o por lo menos incompleto de la personalidad psíquica total del individuo.

ANNA, como vemos, apuesta fuertemente por una combinación que la distancia de la Psicología del Yo y que la acerca a los contenidos más Icc del Yo. "Únicamente, dice, el análisis de las operaciones defensivas inconscientes del Yo nos permitirá reconstruir el conjunto de las transformaciones sufridas por el instinto (Ello).

La tarea del analista es hacer Cc lo Icc, sea cual fuere la instancia psíquica a la que éste pertenece. EL analista dirige su atención de una manera igual y objetiva, hacia los elementos Icc de las tres instancias. Es pues que el rol del analista ha de ser de perturbador; de "redescomponer" como decíamos antes. El analista destruye las formaciones de compromiso cuyo efecto era en verdad patológico, pero cuya modalidad había sido bien aceptada por el Yo. En resumen, mientras el paciente sea incapaz de comprender el sentido de su enfermedad (el para qué), las instancias del Yo seguirán considerando peligrosos los propósitos del analista. Resulta, entonces, muy lógico que nos encontremos con resistencias, empero unas que podemos señalar, identificar, usar, cambiar. Ubicando así y con ello el sentido, la dirección, la lógica de ese hacer; de esa enfermedad. Es de aquí, a partir de este momento (tiempo) que el analista deja de ser enemigo y puede convertirse en aliado. No solo de la parte Cc del paciente, sino también de la parte Icc de su Yo.

Nuestro objetivo es -dice ANNA FREUD- el análisis de la resistencia. Cuanto mejor logremos tornar Cc la resistencia y la defensa contra el afecto, y poner así a ambos fuera de la actividad, tanto más rápidamente adelantaremos en la comprensión del Ello. Es, como vemos, el método el que cambia. No enfocarnos en el Icc sino en defensa; en la defensa y los mecanismos de ésta. La estrategia para lograr nuestra finalidad, la cual es hacer Cc lo Icc y por ende aumentar en número de representaciones y recursos, depende -dice ANNA- del fortalecimiento del Yo. Es decir, de proveerlo de recursos para que pueda contrarrestar las influencias del Ello, Superyó y del exterior.

El Yo pierde independencia, reduciéndose a un mero ejecutor de los requerimientos del Superyó. Un superyó hostil contra el instinto e incapaz de permitirse accesos al placer. Es esta la concepción de la que parte para entender la problemática del neurótico. De aquí que apueste por la educación, incluso en términos preventivos.

¿Qué les parece? ¿Les suena muy descabellado? ¿Ingenuo?

¿Cuánto -y lo digo y lo pienso a partir de nuestros análisis- es y ha sido el Superyó un avasallador?

¿No es justamente este el objetivo terapéutico siguiendo a Freud y considerando a la segunda tópica?

Es decir, que el Yo sea más independiente del Superyó.

¿Cuánto esta obediencia impide, bloquea?

¿Cuánto, si bloquea, se trata de una defensa?

¿Y cuánto, al tratarse de una defensa[37], se avanzaría si se desbloquea?

37 Sea de parte de Yo ante el instinto y su indisociable relación con el exterior (juicio de realidad) o sea de parte del Superyó y sus exigencias morales.

Ojo que esto sirve en tanto y en cuanto una estructura, una compleja a partir de sus variables, sus componentes, sus mecanismos. Me refiero obviamente a la Neurosis.

El niño, como el Yo, debe hallar la oportunidad de expresarse en el mundo externo a fin de que esta libido no quede estancada, bloqueada, y no se dirija hacia dentro.

¿Qué sucede si deshacemos una defensa?

Si ésta es producto de una imposición del Superyó: Culpa

Si en cambio surge a partir del miedo ante el Instinto: Alivio

Por ello es importante ubicar de qué tipo se trata. Cuando el proceso analítico rompe una defensa, obliga a los impulsos instintivos (del Ello) o a los afectos reprimidos (del Superyó) a reingresar en la consciencia y renegociar unas nuevas condiciones, es decir, unas bases distintas.

El anulamiento de una defensa establecida contra el afecto por el Yo con el objetivo de evitar el displacer, exige una intervención complementaria dentro del análisis a fin de que el resultado sea eficazmente permanente. El niño (el Yo) debe aprender a tolerar cantidades progresivamente mayores de displacer sin tener la necesidad de apelar inmediatamente a mecanismos defensivos. La necesidad de síntesis, prevaleciente en el Yo, impide, por lo general, la coexistencia de opuestos, empero la madurez yoica (en el niño o en el análisis) hará a dicha tolerancia y por consecuencia a una elaboración. Una que permita la coexistencia del Principio del Placer y el Principio de Realidad.

MAURICIO SANTIN IRIARTE ES:

* Psicólogo Clínico y Psicoanalista.
* Cuenta con un Máster en Psicoanálisis y un Doctorado en Psicología por la Universidad de Buenos Aires (UBA).
* Con un Máster en Abordaje Psicoanalítico de Patologías Psicosomáticas por la Asociación Psicoanalítica Argentina (APA).
* Es Licenciado en Psicología con Especialidad en Psicología Laboral por la Universidad Iberoamericana en México.
* Ha trabajado y sido docente en los Hospitales Neuropsiquiátricos Dr. José T Borda y Dr. Braulio Moyano de Buenos Aires Argentina.
* Antiguo profesor titular del Máster en Psicoanálisis de la Universidad Marista y la Asociación Regiomontana de Psicoanálisis en México.
* Fue docente y tutor responsable de la Pasantía: "clínica de los cuadros fronterizos y de las psicosis" dentro del convenio UBA - Hospital Moyano.
* Profesor Titular en la Escuela de Clínica Psicoanalítica con Niños y Adolescentes (ECPNA). www.ecpna.com
* Es, también, docente regular de talleres y seminarios dentro de la AEHP y profesor invitado en diversas instituciones.

* Ha publicado numerosos artículos en revistas afines tanto en España como en Argentina, México y Latinoamérica. Tiene publicadas algunas de sus tesis y su libro: "Clima Laboral y su Relación con el Neuroticismo". De Editorial Académica Española.

* Miembro de: La Sociedad de Estudios Psicosomáticos Iberoamericana (SEPIA). www.sepia-psicosomatica.com
Miembro de la International Sándor Ferenczi Network (www.sandorferenczi.org)
Miembro y Actual Secretario General de la Asociación Europea de Historia del Psicoanálisis (AEHP). www.historia-psicoanalisis.com
Docente de l'Escola de Clínica Psicoanalítica amb Nens i Adolescents (ECPNA): www.ecpna.com

Trabaja actualmente, desde la clínica privada, con adolescentes, adultos y parejas.

Mauricio Santin Iriarte
e-mail: mauriciosantiniriarte@gmail.com
Tel: +34 672 299 116

AGRADECIMIENTOS:

A Mi hermana por ser siempre Creativa
A Roberto Goldstein por introducirme en Barcelona
A Joseph Knobel por invitarme a formar parte de la ESCOLA
A la AEHP por tan gratas y ricas convivencias
Y cómo no, a todos aquellos que desde un lugar u otro hemos jugado juntos.

BIBLIOGRAFÍA RECOMENDADA:

* Winnicott, D. W. (1972) "Realidad y juego" Ed. Gedisa. Barcelona, España.
* Winnicott, D. W. (1975) "El proceso de maduración en el niño" Ed. Laia. Barcelona, España.
* Winnicott, D. W. (1979) "Escritos de pediatría y psicoanálisis" Ed. Laia. Barcelona, España.
* Winnicott, D. W. (1991) "Exploraciones psicoanalíticas I" Ed. Paidós. Bs As, Argentina.
* Winnicott, D. W. (1993) "Exploraciones psicoanalíticas II" Ed. Paidós. Bs As, Argentina.